成人教育/网络教育系列规划教材

Tu Lixue

土 力 学

主　编　张力霆

副主编　汤劲松　李　强　王　扬

主　审　李广信

人民交通出版社

内 容 提 要

　　本书为成人及网络教育系列规划教材之一。本书根据成人及网络教育土建类专业 40 学时土力学课程教学基本要求而编写。全书共分五章,系统地阐述了土的物理性质与工程分类、土中应力、地基变形计算、土的抗剪强度与地基承载力、土压力与土坡稳定等内容。

　　本书可作为成人及网络教育土建类专业的教材,也可作为高等院校土建类各相关专业的教材及全国注册土木工程师考试的参考书,同时可供有关专业的工程技术人员参考。

图书在版编目(CIP)数据

　　土力学 / 张力霆主编. --北京:人民交通出版社,
2013.5
　　ISBN 978-7-114-10546-3

　　Ⅰ.①土… Ⅱ.①张… Ⅲ.①土力学—成人教育—网络教育—教材 Ⅳ.①TU43

　　中国版本图书馆 CIP 数据核字(2013)第 073132 号

成人教育/网络教育系列规划教材
书　　　名:土力学
著 作 者:张力霆
责任编辑:付宇斌　贾秀珍
出版发行:人民交通出版社
地　　　址:(100011)北京市朝阳区安定门外外馆斜街 3 号
网　　　址:http://www.ccpress.com.cn
销售电话:(010)59757973
总 经 销:人民交通出版社发行部
经　　　销:各地新华书店
印　　　刷:北京市密东印刷有限公司
开　　　本:880×1230　1/16
印　　　张:10.5
字　　　数:265 千
版　　　次:2013 年 5 月　第 1 版
印　　　次:2013 年 5 月　第 1 次印刷
书　　　号:ISBN 978-7-114-10546-3
定　　　价:22.00 元

（有印刷、装订质量问题的图书由本社负责调换）

成人教育/网络教育系列规划教材
专家委员会

（以姓氏笔画为序）

出 版 说 明

随着社会和经济的发展,个人的从业和在职能力要求在不断提高,使个人的终身学习成为必然。个人通过成人教育、网络教育等方式进行在职学习,提升自身的专业知识水平和能力,同时获得学历层次的提升,成为一个有效的途径。

当前,我国成人及网络教育的学生多以在职学习为主,学习模式以自学为主、面授为辅,具有其独特的学习特点。在教学中使用的教材也大多是借用普通高等教育相关专业全日制学历教育学生使用的教材,因为二者的生源背景、教学定位、教学模式完全不同,所以带来极大的不适用,教学效果欠佳。总的来说,目前的成人及网络教育,尚未建立起成熟的适合该层次学生特点的教材及相关教学服务产品体系,教材建设是一个比较薄弱的环节。因此,建设一套适合其教育定位、特点和教学模式的有特色的高品质教材,非常必要和迫切。

《国家中长期教育改革和发展规划纲要(2010—2020年)》和《国家教育事业发展第十二个五年规划》都指出,要加大投入力度,加快发展继续教育。在国家的总体方针指导下,为推进我国成人及网络教育的发展,提高其教育教学质量,人民交通出版社特联合一批高等院校的继续教育学院和相关专业院系,成立"成人及网络教育系列规划教材专家委员会",组织各高等院校长期从事成人及网络教育教学的专家和学者,编写出版一批高品质教材。

本套规划教材及教学服务产品包括:纸质教材、多媒体教学课件、题库、辅导用书以及网络教学资源,为成人及网络教育提供全方位、立体化的服务,并具有如下特点。

(1)系统性。在以往职业教育中注重以"点"和"实操技能"教育的基础上,在专业知识体系的全面性、系统性上进行提升。

(2)简明性。该层次教育的目的是注重培养应用型人才,与全日制学历教育相比,教材要相应地降低理论深度,以提供基本的知识体系为目的,"简明","够用"即可。

(3)实用性。学生以在职学习为主,因此要能帮助其提高自身工作能力和加强理论联系实际解决问题的能力,讲求"实用性",同时,教材在内容编排上更适合自学。

作为从我国成人及网络教育实际情况出发,而编写出版的专门的全国性通用教材,本套教材主要供成人及网络教育土建类专业学生教学使用,同时还可供普通高等院校相关专业的师生作为参考书和社会人员进修或自学使用,也可作为自学考试参考用书。

本套教材的编写出版如有不当之处,敬请广大师生不吝指正,以使本套教材日臻完善。

人民交通出版社

成人教育/网络教育系列规划教材专家委员会

2012 年年底

前　　言

　　《土力学》是根据成人及网络教育土建类专业 40 学时土力学课程教学基本要求而编写的。本教材以"够用、实用、适用,适合自学"为编写原则,在总体编排上考虑知识的系统全面,而在知识点的介绍上又有相对的独立性,语言通俗易懂,例证丰富,既传授知识又传授学习方法,便于自学,充分体现了教材的系统性、完整性。

　　本书共分五章,主要内容包括土的物理性质与工程分类、土中应力、地基变形计算、土的抗剪强度与地基承载力、土压力与土坡稳定。

　　本书由石家庄铁道大学张力霆任主编,汤劲松、李强、王扬任副主编。具体分工:第一、二章由张力霆编写,第三章由李强编写,第四章由汤劲松编写,第五章由王扬编写,全书由张力霆统稿。

　　由于作者水平有限,书中不妥之处在所难免,恳请读者批评指正。

张力霆

2012 年 10 月

自 学 指 导

课程性质："土力学"是一门土木工程专业的必修课，属专业基础课。"土力学"所包含的知识既是土木工程专业学生必须掌握的专业知识，又是学习后面专业课程所必需的基础知识。

本课程的地位和作用：土力学是一门重要的专业基础课程，随后陆续开设的工程地质、桥梁工程、道路工程、地下工程、土木工程施工等课程，都要应用到土力学的相关知识，例如：土的生成与组成、地下工程支护、挡土墙土压力计算与设计等。通过该课程的学习，可以培养学生将相关的土力学理论有机地组织起来应用于专业技术领域、解决特定领域的实际工程问题的能力。

学习目的与要求：通过本课程的学习，使学生了解土的成因和分类方法，熟悉土的基本物理性质，掌握地基沉降、土的抗剪强度与地基承载力、土压力计算方法和土坡稳定分析方法、地基处理等计算与运用，掌握土工试验方法，达到能应用土力学的基本原理和方法解决实际工程中稳定、变形和渗流等问题的目的。通过本课程的学习，为后续工程地质、桥梁工程、地下工程等专业课程学习打下良好的基础。

为学好这门课程，应注意以下几点：

(1)深入理解基本概念和基础理论。

(2)注意学习内容的前后联系与区别。

(3)学会融会贯通，掌握解决某一类实际工程问题的普遍方法。

(4)注意理论联系实际，重视实际应用。

学习方法：

(1)刻苦钻研，深入理解基础理论。土的物理性质与工程分类、土中应力、地基变形计算、土的抗剪强度、土压力是"土力学"这门学科的基础理论部分。本教材的地基承载力、土坡稳定、地基处理等章节是这些理论在特定领域的综合应用。在基础理论的学习中，应深入理解并掌握所涉及的基本概念和基础理论，在后续章节的学习中，除掌握特定领域的知识之外，还应注意基础理论内容在这些章节的具体应用，达到融会贯通的目的。

(2)分类总结，熟练应用。在做题过程中，要注意总结各种计算问题的异同，将其分类整理，达到真正掌握的目的。例如：抗剪强度计算与地基承载力密切相关，土坡稳定又是土压力理论的具体运用，地基处理则是土力学在实际工程中的综合应用。因此，遇到类似问题时可立刻找到解决问题的思路。

(3)摒弃不正确的生活经验，用所学理论解决问题。在学习过程中，你会发现自己的许多固有思维被颠覆，例如土体中的渗透水流一定是由高压力区向低压力区流动，可能是由上向下流动，也有可能是由下向上运移……当这种冲突发生时，一定要摒弃不正确的生活经验，用教材所介绍的理论科学地解答这些问题。当正确的观念形成后，你就可以主动发现生活中的问题并尝试解答之。

（4）深入学习，锻炼综合解决问题的能力。教材只是列举少量经典例题说明一般性理论，而实际工程问题的复杂度更高，理论综合性更强，因此决不能满足于掌握某些例题的解题方法和步骤，只会解决与例题相近的某些习题。本教材每一章后面都设有难度不等的思考题和计算题，应结合学习内容，去做相应的习题，旨在深入理解各种理论和计算方法的过程中，培养自己综合分析与解决工程计算问题的能力。

（5）横向比较，融会贯通。教材讲述了诸多基本概念和各类问题的计算方法，要求学生不仅要掌握不同类型问题各自的解题思路，同时还要将各种问题加以对比，搞清楚各种解题方法的相同点和不同点，做到融会贯通，灵活地运用各种理论和方法来分析问题。

目　　录

第一章 DIYIZHANG
土的物理性质与工程分类

本章导读

　　土是地壳表层的岩石经风化、剥蚀、搬运、沉积而形成的松散堆积物,由固体颗粒、液态水和气体共同组成的三相体系,不同于一般的工程材料。土的物理性质,如轻重、软硬、干湿、松密等,在一定程度上决定了土的力学性质,它是土的最基本的特征。因此,要深刻理解土的力学性质,首先必须了解并熟悉土的物理性质。土的物理性质由三相物质的性质、相对含量以及土的结构、构造等因素决定。

　　本章首先概要介绍土的生成,主要介绍土的三相组成物质的性质以及土的结构和构造,详细阐述了土的三相组成比例指标及土的物理状态指标,简要介绍了土的压实原理,介绍了土的工程分类方法。这些内容为土力学最基本的知识,是本课程后续知识的基础。

学习目标

1. 熟悉并掌握土的生成与组成的基本概念;
2. 熟练掌握并能熟练计算土的物理性质与物理状态指标;
3. 熟悉土的压实机理;
4. 了解并掌握土的工程分类。

学习重点

1. 土的物理性质与特理状态指标;
2. 土的工程分类。

学习难点

土的物理性质与物理状态指标

本章学习计划

内　　容	建议自学时间（学时）	学习建议	学习记录
第一节　土的概念与基本特征	0.5		
第二节　土的生成	1	掌握土的生成要点并熟知土的各组成部分	
第三节　土的组成			
第四节　土的三相量比例指标	2	1.弄清楚哪些指标为直接测定指标； 2.哪些指标为换算指标； 3.掌握无黏性土密实度的定义	
第五节　无黏性土的密实度	0.5		
第六节　黏性土的稠度	1.0	1.掌握黏性土的界定范围； 2.掌握界限含水率的定义； 3.能准确判断黏性土的状态； 4.熟知最优含水率和最大干密度的工程意义	
第七节　土的压实原理	1.5		
第八节　地基土（岩）的工程分类	1.5		

第一节　土的概念与基本特征

土是岩石经风化、剥蚀、搬运、沉积所形成的产物。不同类型的土,其矿物成分和颗粒大小存在着很大差异,颗粒、水和气体的相对比例也各不相同。

土体的物理性质,如轻重、软硬、干湿、松密等在一定程度上决定了土的力学性质,它是土的最基本的特征。土的物理性质由三相物质的性质、相对含量以及土的结构、构造等因素决定。在工程设计中,必须掌握这些物理性质的测定方法和指标间存在的换算关系,熟练按有关特征及指标对地基土进行工程分类及初步判定土体的工程性质。

第二节　土 的 生 成

构成天然地基的物质是地壳外表的土和岩石。地壳厚度一般为 30~80km,地壳以下存在着高温、高压、复杂的硅酸盐熔融体,即人们所说的岩浆。岩浆活动可使岩浆沿着地壳薄弱地带侵入地壳或喷出地表,岩浆冷凝后生成的岩石称为岩浆岩。在地壳运动和岩浆活动的过程中,原来生成的各种岩石在高温、高压及挥发性物质的变质作用下,生成另外一种新的岩石,称为变质岩。地壳表层的岩石长期受自然界的空气、水、温度、周围环境以及各种生物的共同作用,发生风化,使大块岩体不断地破碎与分解,产生新的产物——碎屑。这些风化产物在山洪、河流、海浪、冰川或风力作用下,被剥蚀、搬运到大陆低洼处或海洋底部沉积下来。在漫长的地质年代中,沉积物越来越厚,在上覆压力和胶结物质的共同作用下,最初沉积下来的松散碎屑逐渐被压密、脱水、胶结、硬化(钙化)生成一种新的岩石,称为沉积岩。而上述过程中,未经成岩过程而形成的沉积物,即是通常所说的颗粒大小、形状和成分都不相同的颗粒集合体——土。

风化分为物理风化和化学风化两种。长期暴露在大气中的岩石,受到温度、湿度变化的影响,体积经常发生膨胀、收缩,从而逐渐崩解、破裂为大小和形状各异的碎块,这个过程叫做物理风化。物理风化的过程仅限体积大小和形状的改变,而不改变颗粒的矿物成分,其产物保留了原来岩石的性质和成分,称为原生矿物,如石英、长石和云母等。砂、砾石和其他粗颗粒土即无黏性土就是物理风化的产物。如果原生矿物与周围的氧气、二氧化碳、水等接触,并受到有机物、微生物的作用,发生化学变化,产生出与原来岩石颗粒成分不同的次生矿物,这个过程叫做化学风化。化学风化所形成的细粒土颗粒之间具有黏结能力,该产物为黏土矿物,如蒙脱石、伊利石和高岭石等,通常称为黏性土。自然界中这两种风化过程是同时或相互交替进行的。由此可见,原生矿物与次生矿物是堆积在一起的,这就是我们所见到的性质复杂的土。

◆ 请练习[思考题 1-1]

土由于不同的成因而具有各异的工程地质特征。下面简单介绍几种土的主要类型。

1. 残积土

残积土是残留在原地未被搬运的那一部分原岩风化剥蚀后的产物(图 1-1)。未被搬运的颗粒棱角分明。残积土与基岩之间

图 1-1　残积土示意图

没有明显的界限,一般分布规律为上部残积土,中部风化带,下部新鲜岩石。残积土中残留碎屑的矿物成分在很大程度上和下卧岩层一致,根据这个道理也可推测下卧岩层的种类。由于残积土没有层理构造,土的物理性质相差较大,且有较大的孔隙,作为建筑地基容易引起不均匀沉降。

2. 坡积土

坡积土是由于自身重力或暂时性水流(雨水或雪水)的作用,将高处岩石风化产物缓慢冲刷、剥蚀,顺着斜坡向下逐渐移动,至较平缓的山坡上而形成的堆积物。它分布于坡腰至坡脚,上部与残积土相接。基岩的倾斜程度决定了坡积土的倾斜度(图 1-2)。坡积土随斜坡自上而下呈现水力分选现象,但层理不明显,其矿物成分与下卧基岩无直接关系,这一点与残积土不同。

坡积土由于在山坡形成,故常发生沿下卧基岩斜面滑动的现象。组成坡积土的颗粒粗细混杂,土质不均匀,厚度变化大,土质疏松,压缩性较大。

3. 洪积土

降水造成的暂时性山洪急流,具有很大的剥蚀和搬运能力,它可以夹带地表大量碎屑堆积在山谷冲沟出口或山前平原而形成洪积土。山洪流出山谷后,因过水断面增大,流速骤减,被搬运的粗颗粒大量堆积下来,离山越远,颗粒越细,分布范围也越大(图 1-3)。

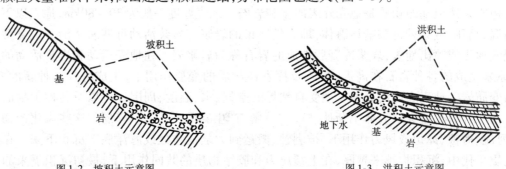

图 1-2 坡积土示意图   图 1-3 洪积土示意图

洪积土的颗粒虽因搬运过程中的分选作用而呈现由粗到细的变化,但由于搬运距离短,颗粒棱角仍较明显。由于靠近山地的洪积土颗粒较粗,承载力一般较高,属于良好的天然地基;离山较远的地段所形成的洪积土颗粒较细,成分均匀,厚度较大。这部分土分为两种情况:一种因受到周期性干旱的影响,土质较为密实,是良好的天然地基;另一种由于场地环境影响,地下水溢出地表,形成沼泽地带,因此承载力较低。

4. 冲积土

冲积土是流水的作用力将河岸基岩及上部覆盖的坡积土、洪积土剥蚀后搬运、沉积在河道坡度较平缓的地带形成的。随着水流的急、缓、消失重复出现,冲积土呈现出明显的层理构造。由于搬运过程长,搬运作用显著,棱角颗粒经碰撞、滚磨逐渐形成亚圆形或圆形的颗粒。搬运距离越长,沉积的颗粒越细。

5. 其他沉积土

除上述几种沉积土之外,还有海洋沉积土、湖泊沉积土、冰川沉积土、海陆交互相沉积土和风积土。它们分别由海洋、湖泊、冰川及风的地质作用而形成。下面仅介绍湖泊沉积土。

湖泊沉积土主要由湖浪冲击湖岸,破坏岸壁形成的碎屑组成。近岸带沉积的主要为粗颗粒,远岸带沉积的是细颗粒。近岸带有较高的承载能力,远岸带则差些。湖心沉积物是由河流和湖流夹带的细小颗粒到达湖心后沉积形成的,主要是黏土和淤泥,常夹有细砂、粉砂薄层,称为带状土。这种土压缩性高,强度低。

第三节　土的组成

　　土是松散的颗粒集合体,它是由固体、液体和气体三部分所组成(也称三相系)。固体部分即为土粒,它构成土的骨架,骨架中布满着许多孔隙,孔隙为液体、气体所占据。水及其溶解物构成土中液体部分;空气及其他一些气体构成土中的气体部分。这些组成部分各自的性质、数量比例关系和相互作用,决定着土的物理力学性质。

◆ **请练习[思考题1-2]**

一、土的固体颗粒

　　1. 土粒的矿物组成

　　土中固体颗粒的形状、大小、矿物成分及组成情况是决定土的物理力学性质的主要因素。粗大颗粒往往是岩石经物理风化后形成的碎屑,即原生矿物;而细粒土主要是化学风化作用形成的次生矿物和生成过程中混入的有机物质。粗大颗粒均呈块状或粒状,而细小颗粒主要呈片状。土粒的组合情况就是大大小小的土粒含量的相对数量关系。

　　2. 土的颗粒级配

　　众所周知,自然界中的土都是由大小不同的颗粒组成,土颗粒的大小与土的性质有密切的关系。但在自然界中,以单一粒径存在的颗粒并不多见,绝大部分是大小不同的颗粒混杂在一起的,那么要判断土的性质,就需对土的颗粒组成进行分析。

　　土粒由粗到细逐渐变化时,土的性质相应发生变化,由无黏性变为有黏性,渗透性由大变小。粒径大小在一定范围内的土粒,其性质也比较接近,因此,可将土中不同粒径的土粒,按适当的粒径范围分成若干小组,即粒组。划分粒组的分界尺寸称界限粒径。表1-1是常用粒组划分方法,表中根据界限粒径200mm、20mm、2mm、0.075mm和0.005mm把土粒分成六大组,即漂石(块石)颗粒、卵石(碎石)颗粒、圆砾(角砾)颗粒、砂粒、粉粒和黏粒。

土粒的粒组划分　　　　　　　　　　　　表1-1

粒 组 名 称		粒径范围(mm)	一 般 特 征
漂石或块石颗粒		>200	透水性很大,无黏性,无毛细水
卵石或碎石颗粒		200~20	
圆砾或角砾颗粒	粗	20~10	透水性大,无黏性,毛细水上升高度不超过粒径大小
	中	10~5	
	细	5~2	
砂　粒	粗	2~0.5	易透水,当混入云母等杂质时透水性减小,而压缩性增加;无黏性,遇水不膨胀,干燥时松散;毛细水上升高度不大,随粒径变小而增大
	中	0.5~0.25	
	细	0.25~0.1	
	极细	0.1~0.075	
粉　粒	粗	0.075~0.01	透水性小,湿时稍有黏性,遇水膨胀小,干时稍有收缩;毛细水上升高度较大较快,极易出现冻胀现象
	细	0.01~0.005	
黏　粒		<0.005	透水性很小,湿时有黏性、可塑性,遇水膨胀大,干时收缩显著;毛细水上升高度大,但速度较慢

　　注:1. 漂石、卵石和圆砾颗粒均呈一定的磨圆形状(圆形或亚圆形),块石、碎石和角砾颗粒都带有棱角。

　　　2. 黏粒或称黏土粒,粉粒或称粉土粒。

　　　3. 黏粒的粒径上限也有采用0.002mm的。

土中各粒组相对含量百分数称为土的颗粒级配。

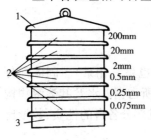

图 1-4　标准筛

1-筛盖；2-筛盘；3-底盘

土的各粒组含量可通过土的颗粒分析试验测定，方法如下：将土样风干、分散之后，取具有代表性的土样倒入一套按孔径大小排列的标准筛（例如孔径为 200mm、20mm、2mm、0.5mm、0.25mm、0.075mm 的筛及底盘，见图 1-4），经振摇后，分别称出留在各个筛及底盘上土的质量，即可求出各粒组相对含量的百分数。小于 0.075mm 的土颗粒不能采用筛分的方法分析，可采用比重计法测定其级配。

根据颗粒大小分析试验结果，在半对数坐标纸上，以纵坐标表示小于某粒径颗粒含量占总土量的百分数，横坐标表示颗粒直径，绘出颗粒级配曲线（图 1-5）。由曲线的陡缓大致可判断土的均匀程度。如曲线较陡，则表示颗粒大小相差不多，土粒均匀；反之，曲线平缓，则表示粒径大小相差悬殊，土粒不均匀。

◆ **请练习[思考题 1-3]**

在工程中，采用定量分析的方法判断土的级配，常以不均匀系数 C_u 表示颗粒的不均匀程度，即：

$$C_u = \frac{d_{60}}{d_{10}} \tag{1-1}$$

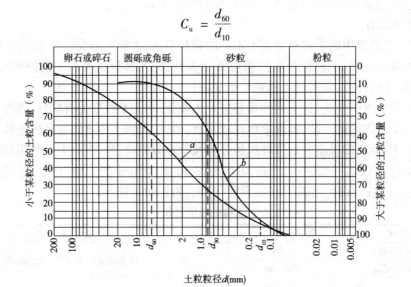

图 1-5　颗粒级配曲线

同时，以曲率系数 C_c 描述级配曲线的整体形状，即：

$$C_c = \frac{d_{30}^2}{d_{10}d_{60}} \tag{1-2}$$

式中：d_{60}——小于某粒径颗粒质量占总土粒质量 60% 时的粒径，该粒径称为限定粒径；

d_{10}——小于某粒径颗粒质量占总土粒质量 10% 时的粒径，该粒径称为有效粒径；

d_{30}——小于某粒径颗粒质量占总土粒质量 30% 时的粒径，该粒径称为连续粒径。

不均匀系数 C_u 反映颗粒的分布情况，C_u 越大，表示颗粒分布范围越广，越不均匀，其级配越好，作为填方工程的土料时，比较容易获得较大的干密度；C_u 越小，颗粒越均匀，级配不良。若曲率系数 C_c 在 1～3 之间，反映颗粒级配曲线形状没有突变，各粒组含量的配合使该土容易达到密实状态；反之，则表示缺少中间颗粒。工程中通常将满足不均匀系数 $C_u \geq 5$ 且曲率系数 $C_c = 1～3$ 两个条件的土称为级配良好的土,而不均匀系数 C_u <5 或曲率系数 $C_c \neq 1 \sim 3$ 的土称为级配不良的土。

颗粒级配可以在一定程度上反映土的某些性质。对于级配良好的土,较粗颗粒间的孔隙被较细的颗粒填充,颗粒之间粗细搭配填充好,易被压实,因而土的密实度较好,相应地基土的强度和稳定性也较好,透水性和压缩性较小,可用作路基、堤坝或其他土建工程的填方土料。

二、土中水

在天然情况下,土中常有一定数量的水。土中细粒越多,水对土的性质影响越大。对水的研究,包括其存在状态和与土的相互作用。存在于土粒晶格之间的水称为结晶水,它只有在较高的温度(>105℃)下才能化为气态水与土粒分开。从工程性质上分析,结晶水作为矿物的一部分。建筑工程中所讨论的土中水,主要是以液态形式存在着的结合水与自由水。

1. 结合水

结合水是指在电分子引力下吸附于土粒表面的水。这种电分子引力高达几千到几万个大气压,使部分水分子和土粒表面牢固地黏结在一起。这一点已被电渗电泳试验所验证。

黏土矿物由于土粒表面一般带有负电荷,围绕土粒形成电场,在土粒电场范围内的水分子和水溶液中的阳离子被吸附在土粒表面,原来不规则排列的极性水分子,被吸附后呈定向排列。在靠近土粒表面处,由于静电引力较强,能把水化离子和极性分子牢固地吸附在颗粒表面而形成固定层。在固定层外围,静电引力比较小,水化离子和极性水分子活动性比在固定层中大些,形成扩散层。由此可将结合水分成强结合水和弱结合水两种。

(1)强结合水

强结合水是指紧靠土粒表面的结合水。它的特征是:没有溶解盐类的能力,不能传递静水压力,只有吸热变成蒸汽时才能移动。这种水分子极牢固地结合在土颗粒表面上,其性质接近固体,密度为 $1.2 \sim 2.4 \text{g/cm}^3$,冰点为 $-78℃$,具有极大的黏滞性、弹性和抗剪强度。如果将干燥的土放在天然湿度和温度的空间,则土的质量增加,直到土中强结合水达到最大吸着度为止。土粒越细,吸着度越大。黏性土只有强结合水存在时,才呈固体状态。

(2)弱结合水

弱结合水紧靠于强结合水的外围形成一层结合水膜。它仍不能传递静水压力,但水膜较厚的弱结合水能向邻近较薄的水膜缓慢移动。当土中含有较多的弱结合水时,土具有一定的可塑性。因砂粒比表面积较小,几乎不具有可塑性。而黏性土的比表面积较大,含薄膜水较多,其可塑范围较大(图1-6)。

随着与土粒表面距离增大,吸附力减小,弱结合水逐渐过渡为自由水。

2. 自由水

存在于土孔隙中颗粒表面电场影响范围以外的水称为自由水。它的性质和普通水一样,能传递静水压力和溶解盐类,冰点0℃。自由水按其移动所受作用力的不同分为重力水和毛细水。

(1)重力水

重力水是在土孔隙中受重力作用能自由流动的水,具有一般液态水的共性,存在于地下水位以下的透水层中。重力水在土的孔隙中流动时,能产生渗透力,带走土中细颗粒,而且还能

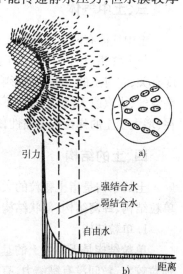

图1-6　土中水示意图

溶解土中的盐类。这两种作用会使土的孔隙增大,压缩性提高,抗剪强度降低。地下水位以下的土粒受水的浮力作用,使土的自重应力状态发生变化。在水头作用下,重力水会产生渗透力,对开挖基坑、排水等方面均产生较大影响。

(2)毛细水

毛细水是受到水与空气界面处表面张力作用的自由水。毛细水存在于地下水位以上的透水层中。毛细水与地下水位无直接联系的称为毛细悬挂水,与地下水位相连的称为毛细上升水。

土孔隙中局部存在的毛细水中,毛细水的弯液面和土粒接触处的表面引力反作用于土粒上,使土粒之间由于这种毛细压力而挤紧,土呈现出黏聚现象,这种力称为毛细黏聚力,也称假黏聚

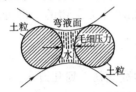

图1-7 毛细水压力示意图

力(图1-7)。在施工现场可见到稍湿状态的砂性地基可开挖成一定深度的直立坑壁,就是因为砂粒间存在着假黏聚力的缘故。当地基饱和或特别干燥时,不存在水与空气的界面,假黏聚力消失,坑壁就会塌落。

在工程中,应特别注意毛细水上升的高度和速度,因为毛细水的上升对建筑物地下部分的防潮措施和地基土的浸湿和冻胀有重要影响。

地基土的土温随大气温度变化。当地温降到0℃以下时,土体便因土中水冻结而形成冻土。细粒土在冻结时,往往发生膨胀,即所谓冻胀。冻胀的机理如下:土层冻结时,下部未冻区土中的水分向冻结区迁移、集聚。弱结合水的外层已接近自由水,在 −0.5℃时冻结,越靠近土粒表面,冰点越低,在大约−30℃以下才能全部冻结。当低温传入土中时,土中的自由水首先冻结成冰,弱结合水的外层开始冻结,使冰晶体逐渐扩大,冰晶体周围土粒的水膜变薄,土粒产生剩余的电分子引力;另外,由于结合水膜变薄,使水膜中的离子浓度增加,产生吸附力。在这两种力的作用下,下部未冻结区的自由水便被吸到冻结区维持平衡,受温度影响而冻结,冰晶体增大,不平衡引力继续形成,引发水分迁移现象。若下卧不冻结区能不断地给予水源补充,则冰晶体不断扩大,在土层中形成夹冰层,地面随之隆起,出现冻胀现象。当土层解冻时,夹冰层融化,地面下陷,即出现融陷现象。对此,在道路、房屋设计中应给予足够的重视。

◈ 请练习[思考题1-4]

三、土中气体

土中气体有两种存在形式:一种与大气相通;另一种在土的孔隙中被水封闭着,与大气隔绝。

与大气相通的气体存在于接近地表的土孔隙中,其含量与孔隙体积大小及孔隙被填充的程度有关,它对土的工程性质影响不大。在细粒土中常存在着与大气隔绝的封闭气泡,其成分可能是空气、水汽或天然气等,它不易逸出,因气泡的栓塞作用,降低了土的透水性。封闭气体的存在,增大了土的弹性和压缩性,对土的性质有较大的影响。

四、土的结构

土的结构是指土颗粒的大小、形状、表面特征、相互排列及其联结关系的综合特征,一般分为单粒结构、蜂窝结构、絮状结构。

1.单粒结构

单粒结构是无黏性土的基本组成形式,由较粗的砾石颗粒、砂粒在自重作用下沉积而成。因颗粒较大,粒间没有黏结力,有时仅有微弱的假黏聚力,土的密实程度受沉积条件影响。如土粒受波浪的反复冲击推动作用,其结构紧密,强度大,压缩性小,是良好的天然地基。而洪水冲积形

成的砂层和砾石层,一般较疏松(图1-8)。由于孔隙大,土的骨架不稳定,当受到动力荷载或其他外力作用时,土粒易于移动,以趋于更加稳定的状态,同时产生较大变形,这种土不宜做天然地基。如果细砂或粉砂处于饱和疏松状态,在强烈振动作用下,土的结构趋于紧密,在瞬间变成了流动状态,即所谓"液化",土体强度丧失,在地震区将产生震害。1976年唐山大地震后,当地许多地方出现了喷砂冒水现象,这就是砂土液化的结果。

2. 蜂窝结构

组成蜂窝结构的颗粒主要是粉粒。研究发现,粒径在0.05～0.005mm的颗粒在水中沉积时,仍然是以单个颗粒下沉,当到达已沉积的颗粒时,由于它们之间的相互引力大于自重力,因此土粒停留在最初的接触点上不能再下沉,形成的结构像蜂窝一样,具有很大的孔隙(图1-9)。

a)紧密结构

b)疏松结构

a)颗粒正在沉积

b)沉积完毕

图1-8　单粒结构　　　　　　　　　　图1-9　蜂窝结构

3. 絮状结构

粒径小于0.005mm的黏粒在水中处于悬浮状态,不能靠自重下沉。当这些悬浮在水中的颗粒被带到电解质浓度较大的环境中时(如海水),黏粒间的排斥力因电荷中和而破坏,聚集成絮状的黏粒集合体,因自重增大而下沉,与已下沉的絮状集合体相接触,形成孔隙很大的絮状结构(图1-10)。

a)絮状集合体正在沉积

b)沉积完毕

图1-10　絮状结构

具有蜂窝结构和絮状结构的土,因为存在大量的细微孔隙,所以渗透性小,压缩性大,强度低,土粒间黏结较弱。受扰动时,土粒接触点可能脱离,导致结构强度损失,强度迅速下降;静置一段时间后,随时间增长,强度还会逐渐恢复。这类土颗粒间的黏结力往往由于长期的压密作用和胶结作用而得到加强。

五、土的构造

土的构造是指同一土层中颗粒或颗粒集合体相互间的分布特征,通常分为层状构造、分散构造和裂隙构造。

层状构造是土粒在沉积过程中,由于不同阶段沉积的物质成分、颗粒大小不同,沿铅直向呈层状分布。

分散构造是土层颗粒间无大的差别,分布均匀,性质相近,常见于厚度较大的粗粒土。

裂隙构造是土体被许多不连续的小裂隙所分割。裂隙的存在大大降低了土体的强度和稳定性,增大了透水性,对工程不利。

◆ **请练习[思考题1-5]**

第四节　土的三相量比例指标

组成土的三相成分及各自的性质对土的性质有显著影响,三相成分的体积和质量间的比例关系也决定着土的物理、力学性质。土的各组成部分质量和体积之间的比例关系,用土的三相量比例指标表示,它们对评价土的工程性质有重要的意义。

一、三相简图

土的颗粒、水和气体是混杂在一起的。为分析问题方便,设想将三部分分别集中起来,如图 1-11 所示,称为三相关系简图。用下列符号表示:

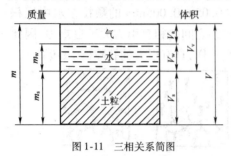

图 1-11 三相关系简图

m_s——土颗粒质量;

m_w——土中水质量;

m——土的总质量;

V_s——土粒体积;

V_w——土中水体积;

V_a——土中气体体积;

V_v——土中孔隙体积;

V——土的总体积。

二、基本试验指标

1. 土的密度 ρ 与重度 γ

天然状态下(即保持原始状态和含水率不变)单位土体体积内天然土体的质量,称为土的密度,简称天然密度或密度,用符号 ρ 表示,即:

$$\rho = \frac{m}{V}(t/m^3 \text{ 或 } g/cm^3) \tag{1-3}$$

单位体积土受到的重力称为土的重度,用符号 γ 表示,其值等于土的密度乘以重力加速度 g,工程中可取 $g = 10m/s^2$,即:

$$\gamma = \rho g(kN/m^3) \tag{1-4}$$

天然状态下,土的密度变化范围较大,其值一般介于 $1.8 \sim 2.2g/cm^3$ 之间。若土较软则介于 $1.2 \sim 1.8g/cm^3$ 之间,有机质含量高或塑性指数大的极软黏性土可降至 $1.2g/cm^3$ 以下。土的密度通常在试验室采用环刀法测定。

2. 土粒相对密度 d_s

土粒的质量与同体积4℃纯水的质量之比,称为土粒的相对密度,用符号 d_s 表示,即:

$$d_s = \frac{m_s}{V_s \rho_w} = \frac{\rho_s}{\rho_w} \tag{1-5}$$

式中:ρ_w——4℃纯水的密度,一般取 $1t/m^3$ 或 $1g/cm^3$;

ρ_s——土粒的密度,即单位土粒体积内土粒的质量。

土粒相对密度取决于土的矿物成分和有机质含量。一般砂性土的相对密度介于 $2.63 \sim 2.67$ 之间,黏性土的相对密度介于 $2.67 \sim 2.75$ 之间。土粒相对密度可用比重瓶法测定。

3. 含水率 w

在天然状态下,土中水的质量与土颗粒的质量之比,称为土的含水率,以百分数表示,符号为 w,即:

$$w = \frac{m_w}{m_s} \times 100\% \tag{1-6}$$

含水率 w 是标志土的湿度的一个重要指标。天然土层的含水率变化范围较大,它与自然环境和土的种类有关。一般干砂土的含水率接近零,而饱和砂土可高达 40%;黏性土处于坚硬状态时,含水率可小于 30%,而处于流塑状态时,可能大于 60%。一般情况下,同一类土含水率越大则强度越低,即土的力学性质随之而变。土的含水率一般采用烘干法测定。

◆ 请练习[思考题1-6]

三、其他换算指标

1. 表示土中孔隙含量的指标

其指标一般有土的孔隙比 e 和孔隙率 n。

(1)土的孔隙比 e

土的孔隙体积与土粒体积之比,称为孔隙比,以小数表示,符号为 e,即:

$$e = \frac{V_v}{V_s} \tag{1-7}$$

孔隙比是一个重要的物理性质指标,可以评价天然土层的密实程度。$e < 0.6$ 时,是低压缩性的密实土;$e > 1.0$ 时,是高压缩性的疏松土。

(2)土的孔隙率 n

土的孔隙体积与土的总体积之比,称为土的孔隙率,以百分数表示,符号为 n,即:

$$n = \frac{V_v}{V} \times 100\% \tag{1-8}$$

2. 表示土中含水程度的指标

其指标主要指土的饱和度 S_r。土中水的体积与孔隙体积之比称为饱和度,多用小数表示,符号为 S_r,即:

$$S_r = \frac{V_w}{V_v} \tag{1-9}$$

饱和度是反映孔隙被水充满程度的一个指标,即反映土体潮湿程度的物理性质指标。当 $S_r < 0.5$ 时,土为稍湿的;S_r 在 $0.5 \sim 0.8$ 之间时,土为很湿的;$S_r > 0.8$ 时,土为饱和的;当 $S_r = 1.0$ 时,土则处于完全饱和状态。

3. 不同情况下土的密度与重度

(1)土粒密度 ρ_s

单位颗粒体积内颗粒的质量,称为土粒密度,即:

$$\rho_s = \frac{m_s}{V_s}(t/m^3 \text{ 或 } g/cm^3) \tag{1-10}$$

(2)土的干密度 ρ_d 和干重度 γ_d

单位土体体积内土颗粒的质量,称为土的干密度或干土密度,用符号 ρ_d 表示,即:

$$\rho_d = \frac{m_s}{V}(t/m^3 \text{ 或 } g/cm^3) \tag{1-11}$$

单位体积土颗粒受到的重力,称为土的干重度或干土的重度,符号为 γ_d,其值等于土的干密度乘以重力加速度,即:

$$\gamma_d = \rho_d g(kN/m^3) \tag{1-12}$$

工程中以土的干密度作为评定土体紧密程度的标准,控制填土工程的施工质量。

（3）土的饱和密度 ρ_{sat} 和饱和重度 γ_{sat}

土体孔隙被水充满时，单位土体积内饱和土的质量，称为土的饱和密度，用符号 ρ_{sat} 表示，即：

$$\rho_{sat} = \frac{m_s + V_v\rho_w}{V}(\text{t/m}^3 \text{ 或 } \text{g/cm}^3) \tag{1-13}$$

单位土体积内饱和土所受到的重力，称为土的饱和重度，符号为 γ_{sat}，其值等于饱和密度乘以重力加速度，即：

$$\gamma_{sat} = \rho_{sat}g(\text{kN/m}^3) \tag{1-14}$$

（4）土的浮重度 γ'

处在水面以下的土，考虑土粒受浮力作用时，单位土体积内土粒所受到的重力扣除浮力后的重度，称为土的浮重度，符号为 γ'，即：

$$\gamma' = \frac{m_sg - V_s\rho_wg}{V} = \gamma_{sat} - \gamma_w(\text{kN/m}^3) \tag{1-15}$$

式中：γ_w——水的重度，一般为 10kN/m^3。

以上对各指标进行了定义，如测得三个基本物理性质指标后，替换三相图中的各符号即可得出其他三相比例指标（图1-12）。

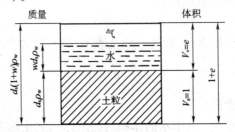

图1-12 土的三相物理指标换算图

换算时，一般设 $V_s = 1$，由式（1-10）可得，$m_s = \rho_s$；由式（1-5）可得，$m_s = d_s\rho_w$，由式（1-6）可得，$m_w = wd_s\rho_w$，则 $m = d_s(1 + w)\rho_w$。因为 $\rho_w = \frac{m_w}{V_w}$，所以 $V_w = \frac{m_w}{\rho_w} = \frac{wd_s\rho_w}{\rho_w} = wd_s$，$V = \frac{m}{\rho} = \frac{d_s(1 + w)\rho_w}{\rho}$，则 $V_a = V - V_s - V_w = \frac{d_s(1 + w)\rho_w}{\rho} - wd_s - 1$。推导得：

$$\rho_d = \frac{m_s}{V} = \frac{\rho}{1 + w} \tag{1-16}$$

$$e = \frac{V_v}{V_s} = \frac{d_s(1 + w)\rho_w}{\rho} - 1 \tag{1-17}$$

$$n = \frac{V_v}{V} = 1 - \frac{\rho}{d_s(1 + w)\rho_w} \tag{1-18}$$

其他指标推导过程略，将换算公式一并列于表1-2。

土的三相比例指标换算公式 表1-2

名 称	符号	表达式	常用换算公式	单位	常见的数值范围
含水率	w	$w = \frac{m_w}{m_s} \times 100\%$	$w = \frac{S_r e}{d_s} = \frac{\gamma}{\gamma_d} - 1$		$20\% \sim 60\%$
土粒相对密度	d_s	$d_s = \frac{\rho_s}{\rho_w}$	$d_s = \frac{S_r e}{w}$		一般黏性土:$2.67 \sim 2.75$ 砂土:$2.63 \sim 2.67$
密度	ρ	$\rho = \frac{m}{V}$	$\rho = \frac{d_s + S_r e}{1 + e}\rho_w$	t/m^3	$1.6 \sim 2.2$

续上表

名　称	符号	表达式	常用换算公式	单位	常见的数值范围
重度	γ	$\gamma = \rho g$	$\gamma = \dfrac{d_s + S_r e}{1 + e} \gamma_w$	kN/m^3	$16 \sim 20$
干土密度	ρ_d	$\rho_d = \dfrac{m_s}{V}$	$\rho_d = \dfrac{\rho}{1 + w}$	t/m^3	$1.3 \sim 1.8$
干土重度	γ_d	$\gamma_d = \rho_d g$	$\gamma_d = \dfrac{\rho}{1 + w} g = \dfrac{\gamma}{1 + w}$	kN/m^3	$13 \sim 18$
饱和土密度	ρ_{sat}	$\rho_{sat} = \dfrac{m_s + V_v \rho_w}{V}$	$\rho_{sat} = \dfrac{d_s + e}{1 + e} \rho_w$	t/m^3	$1.8 \sim 2.3$
饱和土重度	γ_{sat}	$\gamma_{sat} = \rho_{sat} g$	$\gamma_{sat} = \dfrac{d_s + e}{1 + e} \gamma_w$	kN/m^3	$18 \sim 23$
浮重度（有效重度）	γ'	$\gamma' = \dfrac{m_s - V_s \rho_w}{V} g$	$\gamma' = \gamma_{sat} - \gamma_w$	kN/m^3	$8 \sim 13$
孔隙比	e	$e = \dfrac{V_v}{V_s}$	$e = \dfrac{d_s \rho_w}{\rho_d} - 1$		一般黏性土:$0.40 \sim 1.20$ 砂土:$0.30 \sim 0.90$
孔隙率	n	$n = \dfrac{V_v}{V} \times 100\%$	$n = \dfrac{e}{1 + e} \times 100\%$		一般黏性土:$30\% \sim 60\%$ 砂土:$25\% \sim 45\%$
饱和度	S_r	$S_r = \dfrac{V_w}{V_v}$	$S_r = \dfrac{w d_s}{e}$		$0 \sim 1.0$

例 1-1　某一原状土样,经试验测得基本物理性质指标为:土粒相对密度 $d_s = 2.67$,含水率 $w = 12.9\%$,密度 $\rho = 1.67 g/cm^3$。求干密度 ρ_d、孔隙比 e、孔隙率 n、饱和密度 ρ_{sat}、浮重度 γ' 及饱和度 S_r。

解　方法一:直接应用土的三相比例指标换算公式计算

(1)干土密度　$\rho_d = \dfrac{\rho}{1 + w} = \dfrac{1.67}{1 + 0.129} = 1.48 g/cm^3$

(2)孔隙比　$e = \dfrac{d_s(1 + w)\rho_w}{\rho} - 1 = \dfrac{2.67(1 + 0.129)}{1.67} - 1 = 0.805$

(3)孔隙率　$n = \dfrac{e}{1 + e} = \dfrac{0.805}{1 + 0.805} = 44.6\%$

(4)饱和密度　$\rho_{sat} = \dfrac{(d_s + e)\rho_w}{1 + e} = \dfrac{2.67 + 0.805}{1 + 0.805} = 1.93 g/cm^3$

(5)浮重度　$\gamma' = \gamma_{sat} - \gamma_w = (\rho_{sat} - \rho_w)g = (1.93 - 1) \times 10 = 9.3 kN/m^3$

(6)饱和度　$S_r = \dfrac{w d_s}{e} = \dfrac{0.129 \times 2.67}{0.805} = 0.43$

方法二:利用土的三相图计算

绘三相图,如图 1-13 所示。设土体的体积 $V = 1.0 cm^3$。

(1)根据密度定义,由式(1-3)得:

$$m = \rho V = 1.67 g$$

(2)根据含水率定义,由式(1-6)得:

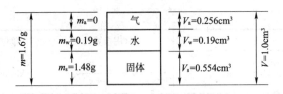

图 1-13 例 1-1 三相图

$$m_w = wm_s = w(m - m_w)$$

解得：
$$m_w = \frac{wm}{1 + w} = \frac{0.129 \times 1.67}{1 + 0.129} = 0.19\text{g}$$

则：
$$m_s = m - m_w = 1.67 - 0.19 = 1.48\text{g}$$

(3)根据土粒相对密度定义,由式(1-5)得：

$$V_s = \frac{m_s}{d_s\rho_w} = \frac{1.48}{2.67 \times 1} = 0.554\text{cm}^3$$

(4)由于水的密度 $\rho_w = 1.0\text{g/cm}^3$,则水的体积为：

$$V_w = \frac{m_w}{\rho_w} = \frac{0.19}{1} = 0.190\text{cm}^3$$

(5)从三相图可知：

$$V_a = V - V_s - V_w = 1 - 0.554 - 0.190 = 0.256\text{cm}^3$$

至此,土的三相图中三相组成的量,无论是体积或质量,均已求出。将计算结果填入三相图中,见图 1-13。

(6)根据干密度定义,由式(1-11)得：

$$\rho_d = \frac{m_s}{V} = \frac{1.48}{1} = 1.48\text{g/cm}^3$$

(7)根据孔隙比定义,由式(1-7)得：

$$e = \frac{V_v}{V_s} = \frac{V_w + V_a}{V_s} = \frac{0.19 + 0.256}{0.554} = 0.805$$

(8)根据孔隙率定义,由式(1-8)得：

$$n = \frac{V_v}{V} \times 100\% = \frac{V_w + V_a}{V} \times 100\% = \frac{0.19 + 0.256}{1} \times 100\% = 44.6\%$$

(9)根据饱和密度定义,由式(1-13)得：

$$\rho_{sat} = \frac{m_s + V_v\rho_w}{V} = \frac{m_s + (V_w + V_a)\rho_w}{V} = \frac{1.48 + (0.19 + 0.256) \times 1}{1} = 1.926\text{g/cm}^3$$

(10)根据浮重度定义,由式(1-15)得：

$$\gamma' = \frac{m_sg - V_s\rho_wg}{V} = \frac{1.48 \times 10 - 0.554 \times 1 \times 10}{1} = 9.26\text{kN/m}^3$$

(11)根据饱和度定义,由式(1-9)得：

$$S_r = \frac{V_w}{V_v} = \frac{V_w}{V_w + V_a} = \frac{0.19}{0.19 + 0.256} = 0.426$$

虽然实际计算中用换算公式比按三相图简单迅速,但学习中应首先掌握三相图的概念,熟练地通过三相图推出主要指标,这样利用换算公式概念清楚,不易出错。

第五节　无黏性土的密实度

无黏性土的密实度与其工程性质有着密切的关系。无黏性土呈密实状态时,强度较大,属于良好的天然地基;呈松散状态时,则属不良地基。

一、砂土的密实度

砂土的密实度可用天然孔隙比衡量:当 $e < 0.6$ 时,属密实砂土,强度高,压缩性小;当 $e > 0.95$ 时,为松散状态,强度低,压缩性大。这种判别方法简单,但没有考虑土颗粒级配的影响。例如,同样孔隙比的砂土,当颗粒均匀时较密实,当颗粒不均时较疏松。考虑土粒级配的影响,通常用砂土的相对密实度 D_r 表示:

$$D_r = \frac{e_{max} - e}{e_{max} - e_{min}} \tag{1-19}$$

式中:e_{max}——砂土的最大孔隙比,即最疏松状态的孔隙比,其测定方法是将疏松的风干土样,通过长颈漏斗轻轻地倒入容器,求其最小干密度,计算孔隙比,即为 e_{max};

e_{min}——砂土的最小孔隙比,即最密实状态的孔隙比,其测定方法是将疏松风干土样,分三次装入金属容器,并加以振动和锤击,至体积不变为止,测出最大干密度,算出其孔隙比,即为 e_{min};

e——砂土在天然状态下的孔隙比。

从上式可知,若砂土的天然孔隙比 e 接近于 e_{min},D_r 接近1,土呈密实状态;当 e 接近 e_{max},D_r 接近0,土呈疏松状态。按 D_r 的大小将砂土分成下列三种密实度状态:

$1 \geqslant D_r > 0.67$,密实的;

$0.67 \geqslant D_r > 0.33$,中密的;

$0.33 \geqslant D_r > 0$,松散的。

相对密实度 D_r 从理论上能反映土粒级配、形状等因素。但是由于对砂土很难取得原状土样,故天然孔隙比不易测准,其相对密实度的精度也就无法保证了。《建筑地基基础设计规范》(GB 50007—2011)(以下均简称《规范》)用标准贯入试验锤击数 N 来划分砂土的密实度,如表1-3所示。N 是在标准贯入时,用质量为 63.5kg 的重锤,落距76cm,自由落下,将贯入器竖直击入土中30cm 所需要的锤击数(详见后述章节)。

砂土的密实度　　　　　表1-3

密实度	松散	稍密	中密	密实
标准贯入试验锤击数 N	$N \leqslant 10$	$10 < N \leqslant 15$	$15 < N \leqslant 30$	$N > 30$

二、碎石土的密实度

碎石土既不易获得原状土样,也难于将贯入器击入土中。对这类土可根据《规范》要求,用重型圆锥动力触探锤击数 $N_{63.5}$ 来划分碎石土的密实度,见表1-4。

碎石土的密实度　　　　　　　　　　表 1-4

密 实 度	松 散	稍 密	中 密	密 实
重型圆锥动力触探锤击数 $N_{63.5}$	$N_{63.5} \leqslant 5$	$5 < N_{63.5} \leqslant 10$	$10 < N_{63.5} \leqslant 20$	$N_{63.5} > 20$

注:1. 表中的 $N_{63.5}$ 为重型圆锥动力触探锤击数。

　　2. 本表适用于平均粒径小于或等于 100mm 的卵石、碎石、圆砾、角砾。对于平均粒径大于 50mm 或最大粒径大于 100mm 的碎石土,可按野外鉴别的方法划分其密实度。

平均粒径大于 50mm 或最大粒径大于 100mm 的碎石土,可根据《规范》要求,按野外鉴别方法划分为密实、中密、稍密、松散四种,见表 1-5。

碎石土密实度野外鉴别方法　　　　　　　　表 1-5

密 实 度	骨架颗粒含量和排列	可 挖 性	可 钻 性
密实	骨架颗粒含量大于总重的 70%,呈交错排列,连续接触	锹镐挖掘困难,用撬棍方能松动,井壁一般较稳定	钻进极困难,冲击钻探时,钻杆、吊锤跳动剧烈;孔壁较稳定
中密	骨架颗粒含量等于总量的60%～70%,呈交错排列,大部分接触	锹镐可挖掘,井壁有掉块现象,从井壁取出大颗粒处,能保持颗粒凹面形状	钻进较困难,冲击钻探时,钻杆、吊锤跳动不剧烈,孔壁有坍塌现象
稍密	骨架颗粒含量等于总重的55%～60%,排列混乱,大部分不接触	锹可以挖掘,井壁易坍塌,从井壁取出大颗粒后,砂土立即坍落	钻进较容易,冲击钻探时,钻杆稍有跳动,孔壁易坍塌
松散	骨架颗粒含量小于总重的 55%,排列十分混乱,绝大部分不接触	锹易挖掘,井壁极易坍塌	钻进很容易,冲击钻探时,钻杆无跳动,孔壁极易坍塌

注:1. 骨架颗粒系指与表 1-13 碎石土分类名称相对应粒径的颗粒。

　　2. 碎石土密实度的划分,应按表列各项要求综合确定。

◆ 请练习[思考题 1-7]

第六节　黏性土的稠度

黏性土颗粒细小,比表面积大,受水的影响较大。当土中含水率较小时,土体比较坚硬,处在固体或半固体状态。当含水率逐渐增大时,土体具有可塑状态的性质,即在外力作用下,土可以塑造成一定形状而不开裂,也不改变其体积,外力去除后,仍保持原来所得的形状。含水率继续增大,土体即开始流动。我们把黏性土在某一含水率下对外力引起的变形或破坏所具有的抵抗能力叫做黏性土的稠度。

一、黏性土的界限含水率

黏性土由一种状态过渡到另一种状态的分界含水率叫做界限含水率,也称为阿太堡(A . Atterberg)界限,有缩限含水率、塑限含水率、液(流)限含水率、黏限含水率、浮限含水率五种,在建筑工程中常用前三种含水率。固态与半固态间的界限含水率称为缩限含水率,简称缩限,用 w_s 表示。半固态与可塑状态间的界限含水率称为塑限含水率,简称塑限,用 w_P 表示。可塑状态与流动状态间的界限含水率称为液(流)限含水率,简称液限,用 w_L 表示(图 1-14)。界限含水率用百分数表示。从图 1-14 可知,天然含水率大于液限时土体处于流动状态;天然含水率小于缩限时,土体处于固态;天然含水率大于缩限小于塑限时,土体处于半固

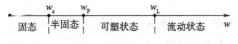

图 1-14　黏性土的状态与含水率的关系

态;天然含水率大于塑限小于液限时,土体处于可塑状态。

下面介绍工程中最常用的液限与塑限的测定方法。

塑限 w_P 一般用"搓条法"测定:取代表性试样如枣核大小(若土中含有大于 0.5mm 的颗粒时,先过 0.5mm 的筛,将大颗粒去掉,再加入少量水调匀),放在毛玻璃板上,用手掌较平的部位,均匀加压,同时搓滚小土条,当土条搓至直径 3mm 时,土条表面出现大量裂纹并开始断开(图 1-15),此时的含水率即为塑限 w_P 值。如果土条搓至直径 3mm 尚未断裂,说明此时土的含水率超过塑限,应另取土样,在空气中稍加风干,使水分蒸发一些再搓。如果土条搓不到直径 3mm 就已断裂,说明土的含水率小于塑限,应加少量的水调匀后再搓条。

液限 w_L 可采用"锥式液限仪"测定。土样要求同塑限,加少许纯净水将其调成土膏,装入液限仪的试杯内,用修土刀刮平表面,将液限仪的 76g 圆锥体锥尖对准中心缓缓下降,当锥尖与土面接触时,放开锥体,让其在自重作用下下沉(图 1-16),如果锥体经 5s 恰好下沉 10mm 深度,这时杯中土样的含水率就是液限 w_L。若经 5s 锥体下沉超过 10mm,说明土样含水率大于液限 w_L;反之,小于液限 w_L。这两种情况均应重新试验,至满足要求为止。

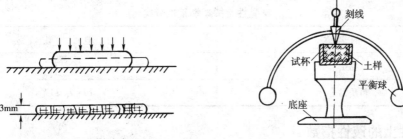

图 1-15 塑限试验   图 1-16 锥式液限仪

上述测定液、塑限的方法,特别是测定塑限的方法,存在的主要缺点是采用手工操作,受人为因素的影响较大,结果不稳定。许多单位都在探索一些新方法,以减少人为因素的影响,如《土工试验方法标准》(GB/T 50123—1999)(以下均简称《标准》)介绍的液、塑限联合测定法。

联合测定法求液限、塑限是采用"液塑限联合测定仪",以电磁放锥法对黏性土样以不同的含水率进行若干次试验,并按测定结果在双对数坐标纸上作出 76g 圆锥体入土深度与含水率的关系曲线。根据大量试验资料证明,它接近一条直线(图 1-17),并且,圆锥仪法及搓条法得到的液限、塑限分别对应该直线上圆锥入土深度为 10mm 及 2mm 的含水率值。因此,《标准》规定,使用液塑限联合测定仪对土样以不同含水率做几次(3 次以上)试验,即可在双对数坐标纸上,以相应的几个点近似地定出直线,然后在直线上求出液限和塑限。

美国、日本等国家通常使用"碟式液限仪"测定黏性土的液限含水率。它是将调成浓糊状的试样装在碟内,刮平表面,用切槽器在土中成槽,槽底宽度为 2mm,如图 1-18 所示。然后将碟子抬高 10mm,使碟下落,连续下落 25 次后,如土槽合拢长度为 13mm,这时试样的含水率就是液限。使用碟式液限仪测定的液限含水率与我国一直沿用的 76g 圆锥下沉 10mm 为标准测定的液限含水率值不一致。通过大量对比试验发现,取圆锥仪下沉深度 17mm 为标准,与碟式液限仪结果相当。目前,由于在工程实践中积累的资料不足,在计算塑性指数、液性

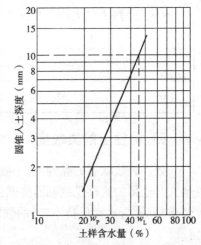

图 1-17 圆锥入土深度与含水率的关系

指数以及相应的土的分类、确定地基承载力等相关内容中,仍然以圆锥沉入土中 10mm 为标准。

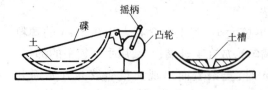

图 1-18 碟式液限仪

二、黏性土的塑性指数

液限与塑限的差值,称为塑性指数,用符号 I_P 表示,即:

$$I_P = w_L - w_P \tag{1-20}$$

式中 w_L 和 w_P 用百分数表示,计算所得的塑性指数 I_P 也应用百分数表示,但是习惯上 I_P 不带百分号。如 $w_L = 36\%$、$w_P = 21\%$、$I_P = 15$。液限与塑限之差越大,说明土体处于可塑状态的含水率变化范围越大。也就是说,塑性指数的大小与土中结合水的含量有直接关系。从土的颗粒讲,土粒越细、黏粒含量越高,其比表面积越大,则结合水越多,塑性指数 I_P 也越大。从土的矿物成分讲,土中含蒙脱类越多,塑性指数 I_P 也越大。此外,塑性指数 I_P 还与水中离子浓度和成分有关。

由于 I_P 反映了土的塑性大小和影响黏性土特征的各种重要因素,因此,《规范》用 I_P 作为黏性土的分类标准,见表 1-6。

黏性土按塑性指数分类   表 1-6

土 的 名 称	塑 性 指 数
黏土	$I_P > 17$
粉质黏土	$10 < I_P \leqslant 17$

三、黏性土的液性指数

土的天然含水率和塑限之差与塑性指数之比,称为土的液性指数,用符号 I_L 表示,即:

$$I_L = \frac{w - w_P}{I_P} = \frac{w - w_P}{w_L - w_P} \tag{1-21}$$

由式(1-21)可知,当天然含水率 w 小于 w_P 时,I_L 小于 0,土体处于固体或半固体状态;当 w 大于 w_L 时,$I_L > 1$,天然土体处于流动状态;当 w 在 w_P 与 w_L 之间时,I_L 在 $0 \sim 1$ 之间,天然土体处于可塑状态。因此,可以利用液性指数 I_L 表示黏性土所处的天然状态。I_L 值越大,土体越软;I_L 值越小,土体越坚硬。

《规范》按 I_L 的大小将黏性土划分为坚硬、硬塑、可塑、软塑和流塑五种软硬状态,见表 1-7。

黏性土软硬状态的划分   表 1-7

液性指数	$I_L \leqslant 0$	$0 < I_L \leqslant 0.25$	$0.25 < I_L \leqslant 0.75$	$0.75 < I_L \leqslant 1$	$I_L > 1$
状 态	坚 硬	硬 塑	可 塑	软 塑	流 塑

四、黏性土的灵敏度

处在天然状态的黏性土,一般都具有一定的结构性,当受到外界扰动时,其强度降低,压缩增大。土体的这种受扰动而降低强度的性质,通常用灵敏度来衡量。原状土的强度与同一种土经重塑后(含水率保持不变)的强度之比称为土的灵敏度,用符号 S_t 表示,即:

$$S_t = \frac{q_u}{q'_u} \tag{1-22}$$

式中：q_u——原状试样的无侧限抗压强度（kPa）；

　　　q'_u——重塑试样的无侧限抗压强度（kPa）。

根据灵敏度 S_t 的大小，可将黏性土分为不灵敏、低灵敏、中等灵敏、灵敏、很灵敏和流动六类，详见第四章有关内容。土体灵敏度越高，结构性越强，受扰动后强度降低越多，所以在这类地基上进行施工时，应特别注意保护基槽，尽量减少对土体的扰动。工程中因土体受扰动而发生的事故时有发生。

饱和黏性土的结构受到扰动，导致强度降低，当扰动结束后，土的强度随时间而逐渐增长，但有一部分强度不能恢复。在黏性土地基上打桩或进行重锤夯实时，地基土的强度受扰动而降低，在施工结束后，土的强度逐渐恢复。因此在施工结束一定时间后再进行测试，所获得的结果才是接近实际的。

由此可见，上述利用 I_L 判别出的黏性土的状态只能代表黏性土重塑后的状态，而原状土的状态还与之有所差异，两者之间的关系还有待于进一步探讨。

第七节　土的压实原理

人类在很早以前就用土作为工程材料以修筑道路、堤坝和用土作为某些建筑物。通过实践，人们认识到使土变密可以显著地改善土的力学特性。公元前 200 多年，我国秦朝修建行车大道时就已懂得用铁锤夯土使之坚实的道理。以后的工程实践证明，无论对填土还是软土作为地基处理，设法使土变密常常是一种经济合理的改善土的工程性质的措施。

在路基、堤坝填筑过程中，土体都要经过夯实或压实。软弱地基也可以用重锤夯实或机械碾压的方法进行一定程度的改善。挡土墙、地下室周围的填土、房心回填土也要经过夯实。所以，有必要研究在击（压）实功的作用下土的密度变化的特性，这就是土的击实。研究击实的目的在于：如何用最小的击实功，把土击实到所要求的密度。通常可在室内用击实仪进行击实试验，也可在现场用碾压机械进行填筑碾压试验。限于篇幅，本书仅介绍室内击实试验。

实践证明，对过湿的土进行夯实或碾压会出现软弹现象（俗称橡皮土），此时土的密度是不会增大的；对很干的土进行夯实或碾压，也不能将土充分压实。所以，要使土的压实效果最好，含水率一定要适宜。在一定的击实能量作用下使土最容易压实，并能达到最大密实度时的含水率，称为土的最优含水率（或称最佳含水率），用 w_{op} 表示。相对应的干密度叫最大干密度，用 ρ_{dmax} 表示。

室内击实试验方法大致过程（详见《标准》）是把某一含水率的试样分三层放入击实筒内，每放一层用击实锤打击至一定击数，对每一层土所做的击实功为锤体重量、锤体落距和击打次数三者的乘积，将土层分层击实至满筒后（试验时，使击实土稍超出筒高，然后将多余部分削去），测定击实后土的含水率和湿密度，算出干密度。用同样的方法将五个以上不同含水率的土样击实，每一土样均可得到击实后的含水率与干密度，以含水率为横坐标，干密度为纵坐标绘出这些数据点，连接各点绘出的曲线即为能反映土体击实特性的曲线，称为击实曲线。

一、黏性土的击实特性

用黏性土的击实数据绘出的击实曲线如图 1-19 所示。由图可知，当含水率较低时，随着含水率的增加，土的干密度也逐渐增大，表明压实效果逐步提高；当含水率超过某一限量 w_{op} 时，干密度则随着含水率增大而减小，即压密效果下降。这说明土的压实效果随着含水率而变化，并在

学习记录

击实曲线上出现一个峰值,相应于这个峰值的含水率就是最优含水率。

黏性土的击实机理为:当含水率较小时,土中水主要是强结合水,土粒周围的水膜很薄,颗粒间具有很大的分子引力,阻止颗粒移动,受到外力作用时不易改变原来位置,因此压实就比较困难;当含水率适当增大时,土中结合水膜变厚,土粒间的连接力减弱而使土粒易于移动,压实效果就变好;但当含水率继续增大时,土中水膜变厚,以致土中出现了自由水,击实时由于土样受力时间较短,孔隙中过多的水分不易立即排出,势必阻止土粒的靠拢,所以击实效果反而下降。通过大量实验,人们发现,黏性土的最优含水率 w_{op} 与土的塑限很接近,大约是 $w_{op} = w_p + 2\%$。因此,当土中所含黏土矿物越多、颗粒越细时,最优含水率越大。最优含水率还与击实功的大小有关。对同一种土,如用人力夯实或轻量级的机械压实,因为能量较小,要求土粒间有更多的水分使其润滑,因此,最优含水率较大而得到的最大干密度较小,如图 1-20 曲线 3 所示。当用机械夯实或用重量级的机械压实时,压实能量大,得出的击实曲线如图 1-20 中的曲线 1 和 2 所示。所以当土体压实程度不足时,可以加大击实功,以达到所要求的密度。

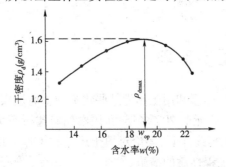

图 1-19 黏性土的击实曲线 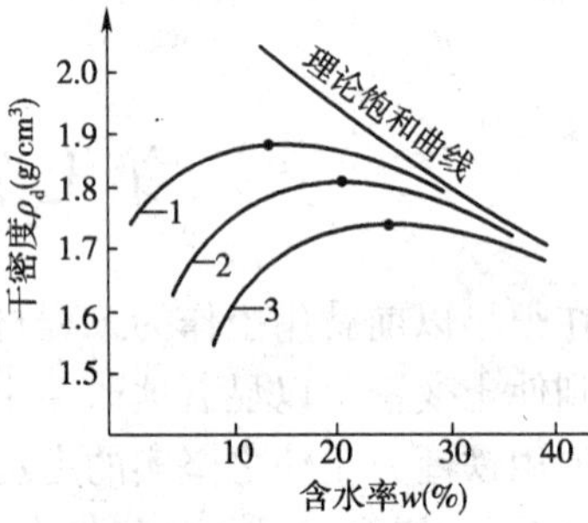   图 1-20 击实功对击实曲线的影响

正如前文所述,土粒级配对压密效果影响很大,均匀颗粒的土不如不均匀土易压密。

图 1-20 中还给出了理论饱和曲线,它表示当土处于饱和状态时,含水率与干密度的关系。击实试验不可能将土击实到完全饱和状态,击实过程只能将与大气相通的气体排出去,而封闭气体无法排出,仅能产生部分压缩。试验证明,黏性土在最优含水率时,压实到最大干密度,其饱和度一般为 0.8 左右。因此,击实曲线位于饱和曲线的左下方,而不会相交。

◆ 请练习[思考题 1-8]

二、无黏性土的击实特性

相对于黏性土来说,无黏性土具有下列一些特性:颗粒较粗,颗粒之间没有或只有很小的黏聚力,不具有可塑性,多呈单粒结构,压缩性小,透水性高,抗剪强度较大且含水率的变化对它的性质影响不显著。因此,无黏性土的击实特性与黏性土相比有显著差异。

用无黏性土的击实试验数据绘出的击实曲线如图 1-21 所示。由图可以看出,在风干和饱和状态下,击实都能得出较好的效果。其机理是在这两种状态时不存在假黏聚力。在这两种状态之间时,受假黏聚力的影响,击实效果较差。

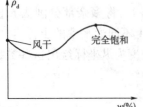

图 1-21 无黏性土的击实曲线

工程实践证明,对于无黏性土的压实,应该有一定静荷载与动荷载联合作用,才能达到较好的压实度。所以,对于不同性质的无黏性土,振动碾是最为理想的压实工具。

◆ 请练习[思考题 1-9]

第八节　地基土(岩)的工程分类

对地基土(岩)进行工程分类的目的是为判别土的工程特性和评价土作为建筑材料的适宜性。把工程性质接近的土划为一类,这样既便于对土选择正确的研究方法,也便于对土作出合理的评价,又能使工程人员对土有共同的概念,便于经验交流。因此,必须选择对土的工程性质最有影响、最能反映土的基本属性和便于测定的指标作为分类的依据。

地基土(岩)的分类方法很多,我国不同行业根据其用途对土采用各自的分类方法。作为建筑物地基的岩、土,主要依据它们的工程性质和力学性能分为岩石、碎石土、砂土、粉土、黏性土和人工填土等。

一、岩石的工程分类

岩石应为颗粒间牢固联结、呈整体或具有节理裂隙的岩体,作为建筑场地和建筑物地基,除应确定岩石的地质名称外,还应划分其坚硬程度、完整程度和质量等级。

(1)岩石按其成因分为岩浆岩、沉积岩和变质岩(详见第二节　土的生成)。

(2)岩石的坚硬程度根据岩块的单轴饱和抗压强度 f_{rk} 按表 1-8 分为坚硬岩、较硬岩、较软岩、软岩和极软岩。

岩石坚硬程度的划分 表1-8

坚硬程度类别	坚硬岩	较硬岩	较软岩	软岩	极软岩
饱和单轴抗压强度标准值 f_{rk}(MPa)	$f_{rk} > 60$	$60 \geqslant f_{rk} > 30$	$30 \geqslant f_{rk} > 15$	$15 \geqslant f_{rk} > 5$	$f_{rk} \leqslant 5$

当缺乏单轴饱和抗压强度资料或不能进行该项试验时,可通过现场观察定性划分,划分标准可按表 1-9 执行。岩石的风化程度可分为未风化、微风化、中风化、强风化和全风化。

岩石坚硬程度的定性划分 表1-9

名　称		定　性　鉴　定	代　表　性　岩　石
硬质岩	坚硬岩	锤击声清脆,有回弹,震手,难击碎;基本无吸水反应	未风化或微风化的花岗岩、闪长岩、辉绿岩、玄武岩、鞍山岩、片麻岩、石英岩、硅质砾岩、石英砂岩、硅质石灰岩等
	较硬岩	锤击声较清脆,有轻微回弹,稍震手,较难击碎;有轻微吸水反应	1. 微风化的坚硬岩; 2. 未风化或微风化的大理岩、板岩、石灰岩钙质砂岩等
软质岩	较软岩	锤击声不清脆,无回弹,较易击碎;指甲可划出印痕	1. 中风化的坚硬岩和较硬岩; 2. 未风化或微风化的凝灰岩、千枚岩、砂质泥岩、泥灰岩等
	软岩	锤击声哑,无回弹,有凹痕,易击碎;浸水后,可捏成团	1. 强风化的坚硬岩和较硬岩; 2. 中风化的较软岩; 3. 未风化或微风化的泥质砂岩、泥岩等
极软岩		锤击声哑,无回弹,有较深凹痕,手可捏碎;浸水后,可捏成团	1. 风化的软岩; 2. 全风化的各种岩石; 3. 各种半成岩

(3)岩体完整程度按表 1-10 划分为完整、较完整、较破碎、破碎和极破碎。

岩体完整程度划分 表 1-10

完整程度等级	完整	较完整	较破碎	破碎	极破碎
完整性指数	>0.75	0.75~0.55	0.55~0.35	0.35~0.15	<0.15

注:完整性指数为岩体纵波波速与岩块纵波波速之比的平方,选定岩体、岩块测定波速时应注意其代表性。

当缺乏试验数据时,岩体的完整程度按表 1-11 执行。

岩体完整程度的近似划分 表 1-11

名 称	结构面组数	控制性结构面平均间距(m)	相应结构类型
完整	1~2	>1.0	整状结构
较完整	2~3	0.4~1.0	块状结构
较破碎	>3	0.2~0.4	镶嵌状结构
破碎	>3	<0.2	碎裂状结构
极破碎	无序		散体状结构

(4)岩石的质量等级按表 1-12 划分。

岩石质量等级划分 表 1-12

完整程度 / 坚硬程度	完整	较完整	较破碎	破碎	极破碎
坚硬岩	Ⅰ	Ⅱ	Ⅲ	Ⅳ	Ⅴ
较硬岩	Ⅱ	Ⅱ	Ⅲ	Ⅳ	Ⅴ
较软岩	Ⅲ	Ⅲ	Ⅲ	Ⅴ	Ⅴ
软岩	Ⅳ	Ⅳ	Ⅴ	Ⅴ	Ⅴ
极软岩	Ⅴ	Ⅴ	Ⅴ	Ⅴ	Ⅴ

二、碎石土的工程分类

碎石土为粒径大于 2mm 的颗粒含量超过全重 50% 的土。根据粒组含量和颗粒形状,碎石土划分为漂石、块石、卵石、碎石、圆砾、角砾(表 1-13)。碎石土的密实度可按表 1-4 划分。

碎石土的分类 表 1-13

土的名称	颗 粒 形 状	粒 组 含 量
漂石 块石	圆形及亚圆形为主 棱角形为主	粒径大于 200mm 的颗粒含量超过全重的 50%
卵石 碎石	圆形及亚圆形为主 棱角形为主	粒径大于 20mm 的颗粒含量超过全重的 50%
圆砾 角砾	圆形及亚圆形为主 棱角形为主	粒径大于 2mm 的颗粒含量超过全重的 50%

注:分类时应根据粒组含量栏从上到下以最先符合者确定。

三、砂土的工程分类

砂土为粒径大于 2mm 的颗粒含量不超过全重 50%,而粒径大于 0.075mm 的颗粒含量超过全重 50% 的土。根据各粒组含量,砂土分为砾砂、粗砂、中砂、细砂和粉砂(表 1-14)。

砂　土　　　　　表 1-14

土 的 名 称	粒 组 含 量
砾砂	粒径大于 2mm 的颗粒含量占全重的 25% ~ 50%
粗砂	粒径大于 0.5mm 的颗粒含量超过全重的 50%
中砂	粒径大于 0.25mm 的颗粒含量超过全重的 50%
细砂	粒径大于 0.075mm 的颗粒含量超过全重的 85%
粉砂	粒径大于 0.075mm 的颗粒含量超过全重的 50%

注：分类时应根据粒组含量栏从上到下以最先符合者确定。

砂土的实密度按标准贯入锤击数 $N_{63.5}$ 可分为密实、中密、稍密和松散四种（表 1-3）。

砂土的湿度按饱和度 S_r 可分为饱和、很湿和稍湿三种（表 1-15）。

砂土湿度按饱和度 S_r 划分　　　　　表 1-15

饱 和 度	$S_r \leqslant 50\%$	$50\% < S_r \leqslant 80\%$	$S_r > 80\%$
湿度	稍湿	很湿	饱和

四、黏性土的工程分类

黏性土为塑性指数 $I_P > 10$ 的土，可按表 1-6 分为黏土、粉质黏土。

由于黏性土的工程性质与土的成因、生成年代的关系很密切，不同成因或不同生成年代的黏性土即使某些物理性质指标很接近，但其工程性质可能相差悬殊。因此，某些行业标准与规范又将黏性土按生成年代进行分类，此不赘述。

黏性土的状态，可按表 1-7 分为坚硬、硬塑、可塑、软塑和流塑。

五、粉土的工程分类

粉土为介于砂土与黏性土之间，塑性指数 $I_P \leqslant 10$ 且粒径大于 0.075mm 的颗粒含量不超过全重 50% 的土。其中黏质粉土、砂质粉土按表 1-16 划分。

粉土的分类　　　　　表 1-16

土 的 名 称	粒 组 含 量
黏质粉土	粒径小于 0.005mm 的颗粒含量超过全重的 10%
砂质粉土	粒径大于 0.075 mm 的颗粒含量超过全重的 30%

六、几种常见的特殊土

1. 人工填土

人工填土是指由于人类活动而堆填的土。这类土物质成分复杂，均匀性差。根据其组成和成因，人工填土可分为素填土、杂填土、冲填土和压实填土。

素填土为由碎石土、砂土、粉土、黏性土等组成的填土，不含杂质或含杂质很少。经分层压实或夯实的素填土称为压实填土。杂填土为含有建筑垃圾、工业废料、生活垃圾等杂物的填土。冲填土为由水力冲填泥沙形成的填土。

工程中遇到的人工填土，各地均不相同。在古城区遇到的人工填土，一般都保留着人类活动的遗物或古建筑的碎砖瓦砾灰渣等（俗称房渣土）。山区建设和新城区、新开发区建设中遇到的人工填土,一般填土的时间较短。城市市区遇到的人工填土常会发现不少炉渣、生活垃圾及建筑垃圾等杂填土。

2. 软土

软土是指沿海的滨海相、溺谷相、内陆或山区的河流相、湖泊相、沼泽相等主要由细粒土组成的高压缩性、高含水率、大孔隙比、低强度的土层,包括淤泥、淤泥质土。这类土大多具有高灵敏度的特性。

淤泥为在静水或缓慢流水环境中沉积,并经过生物化学作用形成,其天然含水率大于液限、天然孔隙比大于或等于 1.5 的黏性土。天然含水率大于液限而天然孔隙比小于 1.5 但大于 1.0 的黏性土或粉土为淤泥质土。当土的有机质含量大于 5% 时,称为有机质土;大于 60% 时称为泥炭。

对于沿海地区的淤泥和淤泥质土,由于海浪的作用,常见有极薄的粉土夹层,俗称"千层饼"土。这类土的强度很低,压缩性很高,作为建筑地基,往往需要进行人工处理。

3. 湿陷性土

湿陷性土为土体在一定压力下受水浸湿后产生湿陷变形达到一定数值的土,可进一步划分为自重湿陷性土和非自重湿陷性土。湿陷性土的湿陷性可由湿陷系数衡量,当自重湿陷系数 δ_{zs} 大于 0.015 时,为湿陷性土,即:

$$\delta_{zs} = \frac{h_z - h'_z}{h_0} \tag{1-23}$$

式中:δ_{zs}——自重湿陷系数;

h_0——试样原始高度;

h_z——在自重作用下试样变形稳定后的高度;

h'_z——在自重作用下试样浸水湿陷变形稳定后的高度。

土的这种特性,在工程设计中应给予高度重视,以防出现重大工程事故。

4. 膨胀土

膨胀土一般是指黏粒成分主要由亲水性黏土矿物所组成的黏性土,受温度、湿度的变化影响,可产生强烈的胀缩变形,同时具有吸水膨胀和失水收缩的特性。在这类地基上修建建筑物,当土体吸水膨胀时,可能由于强烈的膨胀力使建筑物发生破坏。而当土体失水收缩时,可能产生大量裂隙,使土体自身强度下降或消失。

5. 红黏土

红黏土为碳酸盐岩系的岩石经红土化作用形成的高塑性黏土,其液限一般大于 50%。红黏土经再搬运后仍保留其基本特性,液限大于 45% 的土应定名为次生红黏土。

除上述几种特殊土之外,还有多年冻土、混合土、盐渍土、污染土(如油浸土)等,它们都具有显著的工程特性,有关内容可参阅相关文献。

◆ 请练习[思考题 1-10]

例 1-2 某饱和土体,测定得到土粒相对密度 $d_s = 2.65$,天然密度 $\rho = 1.8 \text{t/m}^3$,含水率 $w = 32.45\%$,液限含水率 $w_L = 36.4\%$,塑限含水率 $w_P = 18.9\%$,试确定:(1)土的干密度;(2)土的名称及稠度。

解 (1)土的干密度

$$\rho_d = \frac{\rho}{1 + w} = \frac{1.8}{1 + 0.3245} = 1.36 \text{t/m}^3$$

(2)土的塑性指数

$$I_P = w_L - w_P = 36.4 - 18.9 = 17.5 > 17.0$$

该土体为黏土。

（3）土的液性指数

$$I_L = \frac{w - w_P}{w_L - w_P} = \frac{32.45 - 18.9}{17.5} = 0.77, 0.75 < I_L \leqslant 1.0$$

该土体处于软塑状态。

例 1-3 某无黏性土样，筛分结果如表 1-17 所示，确定土的名称。

某土样的颗粒级配

表 1-17

粒径(mm)	<0.075	0.075~0.25	0.25~0.5	0.5~1.0	>1.0
粒组含量(%)	6.0	34.0	45.0	12.0	3.0

解 按照定名时以粒径分组由大到小以最先符合者为准的原则。

（1）粒径大于 0.5mm 的颗粒，其含量占全部重量的百分数为：

$$12\% + 3\% = 15\% < 50\%$$

故不能定为粗砂。

（2）粒径大于 0.25mm 的颗粒，其含量占全部重量的百分数为：

$$15\% + 45\% = 60\% > 50\%$$

故该土可定名为中砂。

本章小结

1. 土的定义

地球表面岩石经风化、剥蚀、搬运、沉积而形成的松散堆积物。

2. 土的组成

（1）固体颗粒——土体骨架部分。土由大小不同的颗粒组成，土颗粒的形状、大小、矿物成分及组成情况是决定土的物理力学性质的主要因素。土的颗粒级配可以在一定程度上反映土的某些性质。

（2）液体——主要是水，对细粒土的性质影响很大。根据存在形式可将其分为结晶水、结合水和自由水。

（3）气体——根据存在形式分为与大气连通气体和封闭气体。

3. 土的物理性质指标（三相量比例指标）

（1）直接测定的指标——ρ、d_s、w。

（2）间接换算的指标——ρ_d、ρ_{sat}、γ'、e、n、S_r。

4. 土的物理状态指标

（1）砂土的密实度

通常用砂土的相对密实度来衡量砂土的密实度状态。相对密实度从理论上能反映土粒级配、形状等因素，但其精度无法保证。

（2）黏性土的稠度

①黏性土的界限含水率——缩限 w_s、塑限 w_P、液限 w_L 及 w_P、w_L 的测定方法。

②塑性指数—— $I_P = w_L - w_P$。

③液性指数—— $I_L = \dfrac{w - w_P}{I_P}$。

5. 土的击实特性

细粒土的密实程度是可以改变的，在一定的击实功下，其密实程度（压实效果）随着含水率而变化,并在击实曲线上出现一个峰值,该峰值对应的含水率为最优含水率,对应的干密度为最大干密度。而粗粒土在干燥或饱和状态下易于压实。

6. 地基土的工程分类

粗粒土(粒径大于 0.075mm)按颗粒形状、粒径大小和级配状况分类,细粒土(粒径小于 0.075mm)按塑性指数分类(有时需考虑其形成年代)。

思 考 题

1-1 土是如何生成的,它与其他材料的最大区别是什么?

1-2 土是由哪几部分组成的? 各相变化对土的性质有什么影响?

1-3 什么叫土粒的级配曲线,如何绘制? 如何从级配曲线的陡缓判断土的工程性质?

1-4 土中水具有几种存在形式? 各种形式的水有何特征?

1-5 什么是土的结构? 什么是土的构造? 不同的结构对土的性质有何影响?

1-6 土为什么具有几种密度? 同一种土,各种密度有何数量间的关系?

1-7 比较几种无黏性土,孔隙比越小者一定越密实吗?

1-8 黏性土在压实过程中,含水率与干密度存在什么关系?

1-9 为什么无黏性土的压实曲线与黏性土的压实曲线不同?

1-10 地基土如何按其工程性质进行分类?

习 题

1-1 某土体试样体积 60cm³,质量 114g,烘干后质量为 92g,土粒相对密度 d_s = 2.67。确定该土样的天然密度、干密度、饱和密度、浮重度、含水率、孔隙比、孔隙率和饱和度。

1-2 一体积为 100cm³ 的原状土试样,湿土质量 190g,干土质量 151g,土粒相对密度 2.70,试确定该土的含水率、孔隙率、饱和度。

1-3 击实试验,击实筒体积 1000cm²,测得湿土的质量为 1.95kg,取质量为 17.48kg 的湿土,烘干后质量为 15.03kg,计算含水率和干重度。

1-4 已知某地基土试样有关数据如下:①天然重度为 18.4kN/m³,干重度为 13.2kN/m³;②液限试验,取湿土 14.5kg,烘干后质量为 10.3kg;③搓条试验,取湿土条 5.2kg,烘干后质量为 4.1kg。求:(1)土的天然含水率、塑性指数和液性指数;(2)土的名称和状态。

1-5 某地基为砂土,密度为 1.80g/cm³,含水率 21%,土粒相对密度 2.66,最小干密度 1.28g/cm³,最大干密度 1.72g/cm³。试判断土的密实程度。

1-6 某地基土含水率 19.5%,土粒相对密度 2.70,土的干密度 1.56g/cm³。试确定孔隙比、饱和度。又知该土的液限 28.9%、塑限 14.7%,求液性指数、塑性指数,确定土名,判定土的状态。

1-7 从 A、B 两地土层中个取黏性土进行试验,恰好其液塑限相同,液限为 45%,塑限为 30%,但 A 地的天然含水率为 45%,而 B 地的天然含水率为 25%。试求 A、B 两地的地基土的液性指数,并通过判断土的状态,确定哪个地基土比较好。

1-8 已知土的试验指标干重度为 17kN/m³,土粒相对密度为 2.72,含水率为 10%,求孔隙比和饱和度。

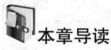

第二章 DIERZHANG

土中应力

本章导读

　　土中应力根据其产生的原因,可以分为自重应力和附加应力。自重应力和附加应力是两种常见的土中应力类型。土在自身重力作用下产生的应力称为自重应力,天然地基在长期自重应力作用下,其沉降基本稳定,不会引起新的变形;土在建筑物荷载或其他外荷载作用下产生的应力称为附加应力,附加应力在地基中引起应力增量,使地基产生新的变形。因此,了解地基中的应力大小和分布情况,是计算地基沉降和分析地基稳定的前提。

　　本章主要介绍自重应力和附加应力的基本概念和计算方法,在介绍附加应力之前,介绍了基底压力和基底附加压力的计算。

学习目标

1. 熟悉并掌握土中应力的基本形式以及基本定义;
2. 熟练掌握土中各种应力在不同条件下的计算方法;
3. 熟知附加应力在土中的分布规律;
4. 了解非均匀地基中附加应力的变化规律。

学习重点

1. 土中各种应力在不同条件下的计算方法;
2. 附加应力在土中的分布规律。

学习难点

附加应力在土中的分布规律

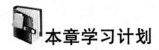**本章学习计划**

内　　容	建议自学时间 （学时）	学习建议	学习记录
第一节　土中应力类型	0.5	1. 弄清土中应力的类型； 2. 掌握土中自重应力的计算方法； 3. 深刻理解计算基底压力的含义	
第二节　土中自重应力	1		
第三节　基底压力	0.5		
第四节　土中附加应力	2	1. 熟知集中力、线荷载作用下土中附加应力的计算方法； 2. 掌握角点法的技巧； 3. 正确区分平面问题和空间问题下的附加应力计算的方法	

第一节　土中应力类型

为了对建筑物地基进行稳定性分析和沉降(变形)计算,首先必须了解和计算在建筑物修建前后土体中的应力。

在实际工程中,地基土中应力主要包括:

(1)由土体自重引起的自重应力。

(2)由建筑物荷载在地基土体中引起的附加应力。

(3)水在孔隙中流动产生的渗透应力。

(4)由于地震作用在土体中引起的地震应力或其他振动荷载作用在土体中引起的振动应力等。

本章只介绍自重应力和附加应力。

地基土中应力计算通常采用经典的弹性力学方法求解,即假定地基是均匀、连续、各向同性的半无限空间线性弹性体。这样的假定与土的实际情况不尽相符,实际地基土体往往是层状、非均质、各向异性的弹塑性材料。但在通常情况下,尤其在中、小应力条件下,弹性理论计算结果与实际较为接近,且计算方法比较简单,能够满足一般工程设计的要求。

第二节　土中自重应力

如图 2-1 所示,在地基中,土体的自重要引起自重应力。当把地基土视为半无限空间体时,由天然土重所引起的垂直方向的自重应力按下式计算:

$$\sigma_{cz} = \gamma z \qquad (2\text{-}1)$$

式中:σ_{cz}——垂直方向土的自重应力(kPa);

γ——土的天然重度(kN/m³);

z——地面至计算点之间的距离(m)。

由式(2-1)可知,σ_{cz}随深度成正比例增加,而沿 I 水平面则为均匀分布。

一般情况下,地基是成层的或有地下水存在,各层土的重度各不相同。若天然地面下深度 z 范围内各层土的厚度自上而下分别为 $h_1、h_2、\cdots、h_n$,相应的重度为 $\gamma_1、\gamma_2、\cdots、\gamma_n$,则 z 深度处的铅直向自重应力可按下式进行计算:

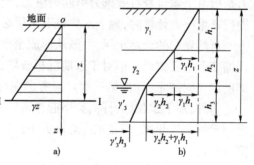

图 2-1　土体中的自重应力分布

$$\sigma_{cz} = \gamma_1 h_1 + \gamma_2 h_2 + \cdots + \gamma_n h_n = \sum_{i=1}^{n} \gamma_i h_i \qquad (2\text{-}2)$$

式中:n——从天然地面起到深度 z 处的土层数;

γ_i——第 i 层土的重度,地下水位以下一般用浮重度 γ'_i(kN/m³);

h_i——第 i 层土的厚度(m)。

按式(2-2)计算出各土层界面处的自重应力后,在所计算竖直线的左侧用水平线按一定比例将自重应力表示出来,再用直线连接,即得到成层土的自重应力分布线。图 2-1b)系由三层土组成的土体,在第三层底面处土体铅直方向的自重应力为 $\sigma_{cz} = \gamma_1 h_1 + \gamma_2 h_2 + \gamma'_3 h_3$。

地基中除在水平面上作用着铅直向自重应力外,在铅直面上也作用着水平向的自重应力,根据弹性力学由广义胡克定律, $\varepsilon_x = \varepsilon_y = 0$, $\varepsilon_x = \dfrac{\sigma_x}{E_0} - \dfrac{\mu(\sigma_y + \sigma_z)}{E_0} = \varepsilon_y = 0$,经整理后得:

$$\sigma_{cx} = \sigma_{cy} = K_0\sigma_{cz} \tag{2-3}$$

式中:K_0——土的侧压力系数(也称静止土压力系数),其值见表 2-1。

水平面与铅直面剪应力均为零,即:

$$\tau_{zx} = \tau_{xy} = \tau_{yz} = 0 \tag{2-4}$$

K_0 的经验值   表 2-1

土的种类和状态		K_0
碎石土		0.18 ~ 0.25
砂土		0.25 ~ 0.33
粉土		0.33
粉质黏土:坚硬状态		0.33
可塑状态		0.43
软塑及流塑状态		0.53
黏土:坚硬状态		0.33
可塑状态		0.53
软塑及流塑状态		0.72

应该说明,只有通过土粒接触点传递的粒间应力,才能使土粒相互挤密,从而引起地基变形,并且只有粒间的这种应力才能影响土体的强度,因此,粒间传递应力称为有效应力。土的自重应力是指由土体自身有效重力引起的应力,土中铅直向和水平向的自重应力均是指有效应力。在进行自重应力计算时,地下水位以下土层必须以浮重度(即有效重度)γ' 代替天然重度 γ 。

自然界中的天然土层,一般从形成至今已经历了很长的地质年代,在自重应力作用下引起的压缩变形早已完成。但对于近期沉积或堆积而成的土层,因为在自重作用下压缩变形还未完成,即所谓欠固结土(详见第三章),应考虑在自重作用下还将产生一定数值的变形。

另外,地下水位的升降,会引起自重应力的变化(图 2-2),进而造成地面高程的变化,应引起足够重视。近年来,华北东部地区大范围地面沉降就是由于长期过量开采地下水使地下水位下降造成的。

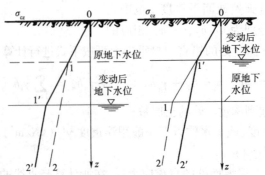

图 2-2 地下水位升降对自重应力的影响

◀ 请练习[思考题 2-1 ~ 2-3]

学习记录

例 2-1 某工程地基土的物理性质指标如图 2-3 所示,试计算自重应力并绘出自重应力分布曲线。

解 $\sigma_{cz1} = \gamma_1 h_1 = 16.5 \times 4 = 66.0\text{kPa}$

$\sigma_{cz2} = \gamma_1 h_1 + \gamma_2 h_2 = 66.0 + 18.5 \times 3 = 121.5\text{kPa}$

$\sigma_{cz3} = \gamma_1 h_1 + \gamma_2 h_2 + \gamma_3 h_3 = 121.5 + (20-10) \times 2 = 141.5\text{kPa}$

绘出的自重应力分布曲线如图 2-3 所示。

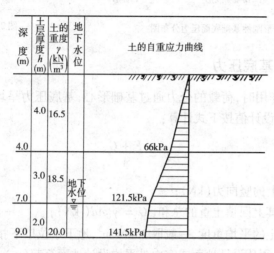

图 2-3 某地基的自重应力分布曲线

第三节 基底压力

计算地基中附加应力,必须先知道基础底面处单位面积土体所受到的压力,即基底压力,又称接触压力,它是建筑物荷载通过基础传给地基的压力。

准确地确定基底压力的分布是相当复杂的问题,它既受基础刚度、尺寸、形状和埋置深度的影响,又受作用于基础上荷载的大小、分布和地基土性质的影响。例如:在较硬的黏性土层上,有一受中心荷载作用的圆形刚性基础,当基础周围有边荷载且荷载不大时,由于存在黏聚力 c,实测基底压力为马鞍形分布,如图 2-4a)所示;若将该基础放置在砂土地基表面上,基底压力呈抛物线形分布,如图 2-4b)所示。这是由于当基底下土体受压产生变形时,周围的黏性土体靠黏聚力阻止其下沉,使得黏性土地基上基础外围的基底压力较大,而中心压力较小;而砂土地基上基础边缘的颗粒容易朝外侧挤出,因此,外荷主要由基础中部土粒承担。如果荷载逐渐增大,基底压力分布趋向一致,当地基接近破坏时,基底压力分布呈钟形,如图 2-4c)所示。

刚度较小的基础能够适应地基的变形,则基底压力的分布与作用于基础的荷载形式相似。如路基、土坝的荷载是梯形的,基底压力也接近梯形分布(图 2-5)。对于刚性较大的基础,虽然基底压力分布十分复杂,但试验表明,当基础宽度大于 1m、荷载不大时,基底压力可近似按直线变化规律计算。它在地基变形计算中引起的误差,一般工程是允许的。这样,计算工作大大简化。所以,基底压力分布可近似地按材料力学公式进行计算。对于较复杂的基础,需用弹性地基梁的方法计算。

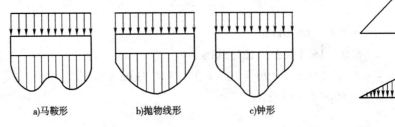

图 2-4 圆形刚性基础底面压力分布图

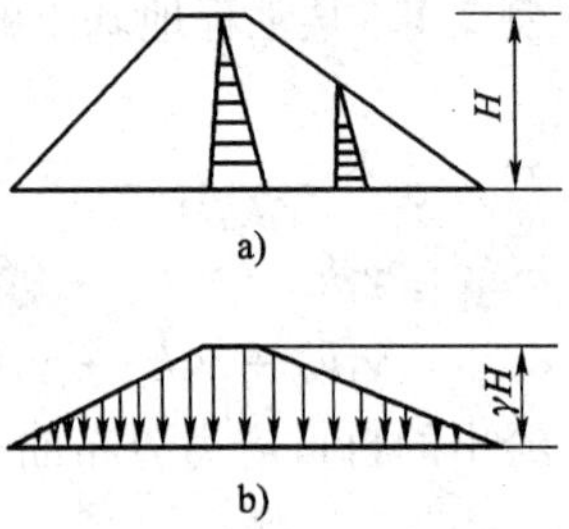

a)马鞍形 b)抛物线形 c)钟形

图 2-5 路基自重应力分布

一、中心荷载下的基底压力

当基础受中心荷载作用时,荷载的合力通过基础形心,基底压力呈均匀分布(图 2-6),如基础为矩形,此时基底压力设计值按下式计算:

$$p = \frac{F + G}{A} \tag{2-5}$$

式中:F——作用在基础上的竖向力(kN);

G——基础自重及其上回填土重的总和,$G = \gamma_G A d$(kN);

γ_G——基础及回填土的平均重度,一般取 20kN/m³,地下水位以下扣除浮力 10kN/m³;

d——基础埋深,必须从设计地面或室内外平均设计地面算起(m);

A——基底面积(m²)。

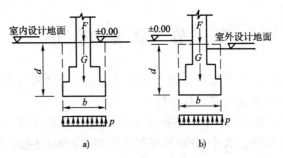

图 2-6 中心荷载作用下的基底压力分布

如基础长度大于宽度 10 倍,可将基础视为条形基础,则沿长度方向截取一单位长度进行基底压力 p 的计算,此时式(2-5)中的 A 取基础宽度 b,而 F 和 G 则为单位长度基础内的相应值,单位为 kN/m。

二、偏心荷载下的基底压力

在单向偏心荷载作用下,设计时通常将基础长边方向定为偏心方向(图 2-7),此时基础边缘压力可按下式计算:

$$\frac{p_{max}}{p_{min}} = \frac{F + G}{bl} \pm \frac{M}{W} = \frac{F + G}{bl}\left(1 \pm \frac{6e}{l}\right) \tag{2-6}$$

式中:p_{max}、p_{min}——基底边缘最大、最小压力(kPa);

M——作用在基底形心上的力矩(kN·m);

W——基础底面的抵抗矩，$W = \dfrac{bl^2}{6}$（m^3）；

e——偏心距，$e = \dfrac{M}{F + G}$（m）。

由式(2-6)可知，当 $e < \dfrac{l}{6}$ 时，基底压力呈梯形分布，见图2-7a）；当 $e = \dfrac{l}{6}$ 时，呈三角形分布，见图2-7b）；当 $e > \dfrac{l}{6}$ 时，按式(2-6)计算出的 p_{min} 为负值，即 $p_{min} < 0$，如图2-7c）中虚线所示。由于基底与地基之间承受拉力的能力很小，在 $p_{min} < 0$ 的情况下，基底与地基局部脱开，基底压力将重新分布。由基底压力与上部荷载相平衡的条件，荷载合力($F + G$)应通过三角形反力分布图的形心，由此得出：

$$\frac{3a}{2}p_{max}b = F + G$$

化简得：

$$p_{max} = \frac{2(F + G)}{3ab} \tag{2-7}$$

式中：a——合力作用点至 p_{max} 处距离（m）。

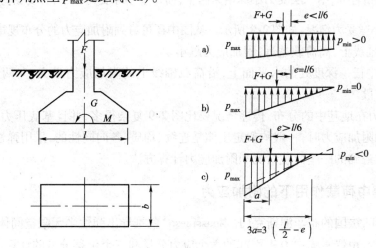

图2-7　按简化法计算偏心受压情况下的基底压力

三、基底附加压力

一般土层在自重作用下已压缩稳定，因此，只有新增加于基底平面处的外荷载——基底附加压力才能引起地基变形。

在实际工程中，一般基础都埋置在天然地面以下一定深度处，该处原有的自重应力由于开挖基坑而卸除。因此，由建筑物建造后的基底压力应扣除基底高程处原有的自重应力，才是基底处新增加给地基的附加压力，也称基底净压力。其大小可按下式计算（图2-8）：

$$p_0 = p - \sigma_{cz} = p - \gamma_0 d \tag{2-8}$$

式中：p——基底压力（kPa）；

σ_{cz}——基底处自重应力（kPa）；

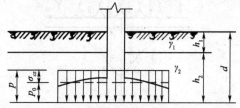

图2-8　基底附加压力计算简图

学习记录

γ_0——基础底面高程以上天然土层的加权平均重度，$\gamma_0 = (\gamma_1 h_1 + \gamma_2 h_2 + \cdots + \gamma_n h_n)/(h_1 + h_2 + \cdots + h_n)(kN/m^3)$；

d——基础埋深，从天然地面算起，对于新近填土场地，则应从原天然地面算起(m)。

有了基底附加压力(即使是作用在地表以下一定深度处的)，就可以把它看做是作用在弹性半无限空间体表面上的局部荷载，采用弹性力学公式计算地基中不同深度处的附加应力。应注意：当基坑的平面尺寸和深度相差较大时，由于基底压力的卸除，基坑回弹是很明显的，在沉降计算时，应考虑这种回弹再压缩而增加的沉降，改用 $p_0 = p - \alpha\sigma_{cz}$ 计算，系数 $\alpha = 0 \sim 1$。

◆ 请练习[思考题 2-4 ~ 2-6]

第四节　土中附加应力

在外荷载作用下，地基中各点均会产生应力，称为附加应力。为说明应力在土中的传递情况，假定地基土是由无数等直径的小圆球组成(图 2-9)。设地面作用有 1kN 的力，则第一层受力的小球将受到 1kN 的铅直力，第二层受力小球增为两个，而每个小球受力减小，各受铅直力 $\frac{1}{2}$kN。以此类推，可知土中小球受力情况，如图 2-9 所示。从图中还可看到附加应力的分布规律：

(1)在荷载轴线上，离荷载越远，附加应力越小。

(2)在地基中任一深度处的水平面上，沿荷载轴线上的附加应力最大，向两边逐渐减小，该现象称为应力扩散。

实际上，应力在地基中的分布、传递情况要比图 2-9 复杂得多，并且基底压力也并非集中力。在计算地基中的附加应力时，一般均假定土体是连续、均质、各向同性的，采用弹性力学解答。以下介绍工程中常遇到的一些荷载情况和附加应力计算方法。

一、铅直集中荷载作用下的附加应力

早在 1885 年，法国的布辛涅斯克(J. Boussinesq)就推导出弹性半无限空间体内(图 2-10)任一点 $M(x,y,z)$ 处，由铅直集中力 F 引起的六个应力分量和三个位移分量的计算式：

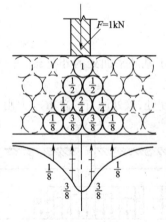

图 2-9　土中应力扩散示意图

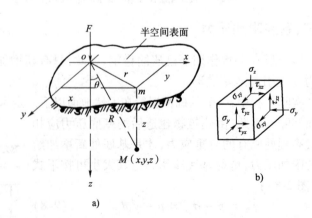

图 2-10　铅直集中力所引起的附加应力

$$\sigma_x = \frac{3F}{2\pi}\left\{\frac{x^2 z}{R^5} + \frac{1-2\mu}{3}\left[\frac{R^2 - Rz - z^2}{R^3(R+z)} - \frac{x^2(2R+z)}{R^3(R+z)^2}\right]\right\} \tag{2-9a}$$

$$\sigma_y = \frac{3F}{2\pi}\left\{\frac{y^2 z}{R^5} + \frac{1-2\mu}{3}\left[\frac{R^2 - Rz - z^2}{R^3(R+z)} - \frac{y^2(2R+z)}{R^3(R+z)^2}\right]\right\} \tag{2-9b}$$

$$\sigma_z = \frac{3F}{2\pi}\cdot\frac{z^3}{R^5} = \frac{3F}{2\pi R^2}\cos^3\theta \tag{2-9c}$$

$$\tau_{xy} = \tau_{yx} = -\frac{3F}{2\pi}\left[\frac{xyz}{R^5} - \frac{1-2\mu}{3}\cdot\frac{xy(2R+z)}{R^3(R+z)^2}\right] \tag{2-10a}$$

$$\tau_{yz} = \tau_{zy} = -\frac{3F}{2\pi}\cdot\frac{yz^2}{R^5} = -\frac{3Fy}{2\pi R^3}\cos^2\theta \tag{2-10b}$$

$$\tau_{xz} = \tau_{zx} = -\frac{3F}{2\pi}\cdot\frac{xz^2}{R^5} = -\frac{3Fx}{2\pi R^3}\cos^2\theta \tag{2-10c}$$

$$u = \frac{F(1+\mu)}{2\pi E}\left[\frac{xz}{R^3} - (1-2\mu)\frac{x}{R(R+z)}\right] \tag{2-11a}$$

$$v = \frac{F(1+\mu)}{2\pi E}\left[\frac{yz}{R^3} - (1-2\mu)\frac{y}{R(R+z)}\right] \tag{2-11b}$$

$$w = \frac{F(1+\mu)}{2\pi E}\left[\frac{z^2}{R^3} + 2(1-\mu)\frac{1}{R}\right] \tag{2-11c}$$

式中：σ_x、σ_y、σ_z——平行于 x、y、z 坐标轴的正应力；

$\quad\tau_{xy}$、τ_{yz}、τ_{zx}——剪应力，其中，前一个角标为与它作用的微面的法线方向所平行的坐标轴，后一角标表示与它作用方向平行的坐标轴；

$\quad u$、v、w——M 点沿 x、y、z 轴方向的位移；

$\quad F$——作用在坐标原点的铅直集中力；

$\quad R$——应力计算点至坐标原点的距离，$R = \sqrt{x^2 + y^2 + z^2} = \sqrt{r^2 + z^2} = \dfrac{z}{\cos\theta}$；

$\quad\theta$——R 线与 z 轴的夹角；

$\quad r$——M 点与集中力作用点的水平距离；

$\quad E$——弹性模量（或用土力学中专用的变形模量 E_0）；

$\quad\mu$——泊松比。

计算最常用的铅直向附加应力 σ_z 时，可采用下式：

$$\sigma_z = \frac{3F}{2\pi}\cdot\frac{z^3}{(r^2+z^2)^{5/2}} = \frac{2}{3\pi}\cdot\frac{1}{\left[\left(\frac{r}{2}\right)^2 + 1\right]^{5/2}}\cdot\frac{F}{z^2} \tag{2-12}$$

化简得：

$$\sigma_z = \alpha\frac{F}{z^2} \tag{2-13}$$

式中：$\alpha = \dfrac{2}{3\pi}\cdot\dfrac{1}{\left[\left(\frac{r}{2}\right)^2 + 1\right]^{5/2}}$，为铅直集中荷载作用下地基铅直向附加应力系数，其值可查表 2-2。

铅直集中荷载作用下地基竖向附加应力系数 α　　　　　　表2-2

r/z	α	r/z	α	r/z	α	r/z	α	r/z	α
0	0.4775	0.50	0.2733	1.00	0.0844	1.50	0.0251	2.00	0.0085
0.05	0.4745	0.55	0.2466	1.05	0.0744	1.55	0.0224	2.20	0.0058
0.10	0.4657	0.60	0.2214	1.10	0.0658	1.60	0.0200	2.40	0.0040
0.15	0.4516	0.65	0.1978	1.15	0.0581	1.65	0.0179	2.60	0.0029
0.20	0.4329	0.70	0.1762	1.20	0.0513	1.70	0.0160	2.80	0.0021
0.25	0.4103	0.75	0.1565	1.25	0.0454	1.75	0.0144	3.00	0.0015
0.30	0.3849	0.80	0.1386	1.30	0.0402	1.80	0.0129	3.50	0.0007
0.35	0.3577	0.85	0.1226	1.35	0.0357	1.85	0.0116	4.00	0.0004
0.40	0.3294	0.90	0.1083	1.40	0.0317	1.90	0.0105	4.50	0.0002
0.45	0.3011	0.95	0.0956	1.45	0.0282	1.95	0.0095	5.00	0.0001

利用式(2-13)可求出地基中任意点的附加应力值。将地基划分成许多网格,求出各网格交点上的 σ_z 值,即可绘出如图2-11所示的土中铅直向附加应力等值线分布图(将附加应力相同的点连在一起而形成)及附加应力沿荷载轴线上和不同深度处的水平面上的分布。从图中可清楚地看到:在 $r=0$ 的荷载轴线上,随着深度 z 的增大, σ_z 减小($z=0$ 时, $\sigma_z = \infty$);当 z 一定, $r=0$ 时, σ_z 最大,随着 r 的增大, σ_z 逐渐减小。这个规律和前面已阐述的应力在土中传递(扩散)情况是一致的。

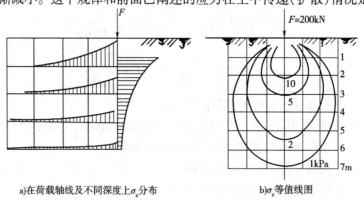

a)在荷载轴线及不同深度上 σ_z 分布　　　　b) σ_z 等值线图

图2-11　土中附加应力分布图

若地基表面作用着多个铅直向集中荷载 F_i 时($i=1,2,3、\cdots、n$),按照叠加的原理,则地面下 z 深度某点 M 处的铅直向附加应力 σ_z 应为各个集中力单独作用时产生的附加应力之和,即:

$$\sigma_z = \alpha_1 \frac{F_1}{z^2} + \alpha_2 \frac{F_2}{z^2} + \cdots + \alpha_n \frac{F_n}{z^2} = \sum_{i=1}^{n} \alpha_i \frac{F_i}{z^2} \tag{2-14}$$

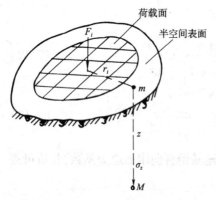

图2-12　不规则荷载面积计算

式中: α_i ——第 i 个集中力作用下,地基中的铅直向附加应力系数,根据 r_i/z 按表2-2查得,其中 r_i 为第 i 个集中力作用点到 M 点的水平距离。

当局部荷载的平面形状或分布情况不规则时,可将荷载的作用面分成若干个形状规则的面积单元(图2-12),每个单元上的分布荷载可近似地用作用于单元面积形心上的集中力代替,这样就可以利用式(2-14)计算地基中某点 M 的附加应力。由于在 $R=0$ 的荷载作用点上求出的 σ_z 为无限大,所以这种计算方法对靠近荷载面的点不适用。又由于建筑物总是布置在一定面积上,故可利用布辛涅斯克解答,通过积分或等代荷载法,求得各种荷载面积下的附加应力值。

例 2-2 在地基上作用一集中力 $F=100\text{kN}$,要求确定:

(1)$z=2\text{m}$ 深度处的水平面上附加应力分布(图 2-13);

(2)在 $r=0$ 的荷载作用线上附加应力的分布。

解 (1)$ez=2me$ 深度处的水平面上附加应力的计算结果见表 2-3,沿水平面的分布见图 2-13。

$z=2\text{m}$ 时的附加应力 表 2-3

z (m)	r (m)	r/z	α	σ_z (kPa)
2	0	0	0.4775	11.9
2	1	0.5	0.2733	6.8
2	2	1.0	0.0844	2.1
2	3	1.5	0.0251	0.6
2	4	2.0	0.0085	0.2

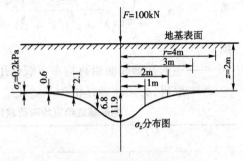

图 2-13 $r=2\text{m}$ 时的附加应力分布图

(2)$r=0$ 时荷载作用线上附加应力的计算结果见表 2-4,附加应力沿深度的分布见图 2-14。

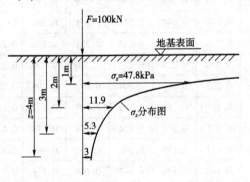

图 2-14 $r=0$ 时的附加应力分布图

$r=0$ 时的附加应力 表 2-4

z (m)	r (m)	r/z	α	σ_z (kPa)
0	0	0	0.4775	∞
1	0	0	0.4775	47.8
2	0	0	0.4775	11.9
3	0	0	0.4775	5.3
4	0	0	0.4775	3

二、矩形基础底面铅直分布荷载作用下地基中的附加应力

1. 铅直均布荷载作用角点下的附加应力

矩形(指基础底面)基础,边长分别为 b、l,基底附加压力均匀分布,计算基础四个角点下地基中的附加应力。因四个角点下应力相同,只计算一个即可。

将坐标原点选在基底角点处(图 2-15),在矩形面积内取一微面积 $dxdy$,距离原点 O 为 x、y,微面积上的均布荷载用集中力 $dF=p_0dxdy$ 代替,则角点下任意深度 z 处的 M 点由集中力 dF 引起的铅直向附加应力 $d\sigma_z$ 可按式(2-9c)计算。

$$d\sigma_z = \frac{3}{2\pi}\frac{p_0z^3}{(x^2+y^2+z^2)^{5/2}}dxdy \quad (2-15)$$

将其在基底 A 范围内进行积分可得:

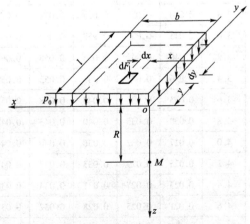

图 2-15 矩形基底铅直均匀分布荷载作用角点下的附加应力

$$\sigma_z = \iint_A \mathrm{d}\sigma_z = \frac{3p_0 z^3}{2\pi} \int_0^b \int_0^l \frac{1}{(x^2 + y^2 + z^2)^{5/2}} \mathrm{d}x\mathrm{d}y$$

$$= \frac{p_0}{2\pi}\left[\frac{blz(b^2 + l^2 + 2z^2)}{(b^2 + z^2)(l^2 + z^2)\sqrt{b^2 + l^2 + z^2}} + \arctan\frac{bl}{z\sqrt{b^2 + l^2 + z^2}} \right] \qquad (2\text{-}16)$$

令: $$\alpha_c = \frac{1}{2\pi}\left[\frac{blz(b^2 + l^2 + 2z^2)}{(b^2 + z^2)(l^2 + z^2)\sqrt{b^2 + l^2 + z^2}} + \arctan\frac{bl}{z\sqrt{b^2 + l^2 + z^2}} \right] \qquad (2\text{-}17)$$

则: $$\sigma_z = \alpha_c p_0 \qquad (2\text{-}18)$$

式中: α_c——矩形基础底面铅直均布荷载作用下角点下的铅直附加应力系数, 由 l/b、z/b 查表 2-5 取得, 必须注意, l 恒为基础长边, b 为基础短边。

矩形基底铅直均布荷载作用下的铅直向附加应力系数 α_c　　　　表 2-5

z/b	l/b											
	1.0	1.2	1.4	1.6	1.8	2.0	3.0	4.0	5.0	6.0	10.0	条形
0.0	0.250	0.250	0.250	0.250	0.250	0.250	0.250	0.250	0.250	0.250	0.250	0.250
0.2	0.249	0.249	0.249	0.249	0.249	0.249	0.249	0.249	0.249	0.249	0.249	0.249
0.4	0.240	0.242	0.243	0.243	0.244	0.244	0.244	0.244	0.244	0.244	0.244	0.244
0.6	0.223	0.228	0.230	0.232	0.232	0.233	0.234	0.234	0.234	0.234	0.234	0.234
0.8	0.200	0.207	0.212	0.215	0.216	0.218	0.220	0.220	0.220	0.220	0.220	0.220
1.0	0.175	0.185	0.191	0.195	0.198	0.200	0.203	0.204	0.204	0.204	0.205	0.205
1.2	0.152	0.163	0.171	0.176	0.179	0.182	0.187	0.188	0.189	0.189	0.189	0.189
1.4	0.131	0.142	0.151	0.157	0.161	0.164	0.171	0.171	0.174	0.174	0.174	0.174
1.6	0.112	0.124	0.133	0.140	0.145	0.148	0.157	0.159	0.160	0.160	0.160	0.160
1.8	0.097	0.108	0.117	0.124	0.129	0.133	0.143	0.146	0.147	0.148	0.148	0.148
2.0	0.084	0.095	0.103	0.110	0.116	0.120	0.131	0.135	0.136	0.137	0.137	0.137
2.2	0.073	0.083	0.092	0.098	0.104	0.108	0.121	0.125	0.126	0.127	0.128	0.128
2.4	0.064	0.073	0.081	0.088	0.093	0.098	0.111	0.116	0.118	0.118	0.119	0.119
2.6	0.057	0.065	0.072	0.079	0.084	0.089	0.102	0.107	0.110	0.111	0.112	0.112
2.8	0.050	0.058	0.065	0.071	0.076	0.080	0.094	0.100	0.102	0.104	0.105	0.105
3.0	0.045	0.052	0.058	0.064	0.069	0.073	0.087	0.093	0.096	0.097	0.099	0.099
3.2	0.040	0.047	0.053	0.058	0.063	0.067	0.081	0.087	0.090	0.092	0.093	0.094
3.4	0.036	0.042	0.048	0.053	0.057	0.061	0.075	0.081	0.085	0.086	0.088	0.089
3.6	0.033	0.038	0.043	0.048	0.052	0.056	0.069	0.076	0.080	0.082	0.084	0.084
3.8	0.030	0.035	0.040	0.043	0.048	0.052	0.065	0.072	0.075	0.077	0.080	0.080
4.0	0.027	0.032	0.036	0.040	0.044	0.048	0.060	0.067	0.071	0.073	0.076	0.076
4.2	0.025	0.029	0.033	0.037	0.041	0.044	0.056	0.063	0.067	0.070	0.072	0.073
4.4	0.023	0.027	0.031	0.034	0.038	0.041	0.053	0.060	0.064	0.066	0.069	0.070
4.6	0.021	0.025	0.028	0.032	0.035	0.038	0.049	0.056	0.061	0.063	0.066	0.067
4.8	0.019	0.023	0.026	0.029	0.032	0.035	0.046	0.053	0.058	0.060	0.064	0.064
5.0	0.018	0.021	0.024	0.027	0.030	0.033	0.043	0.050	0.055	0.057	0.061	0.062

续上表　　　

z/b	l/b											
	1.0	1.2	1.4	1.6	1.8	2.0	3.0	4.0	5.0	6.0	10.0	条形
6.0	0.013	0.015	0.017	0.020	0.022	0.024	0.033	0.039	0.043	0.046	0.051	0.052
7.0	0.009	0.011	0.013	0.015	0.016	0.018	0.025	0.031	0.035	0.038	0.043	0.045
8.0	0.007	0.009	0.010	0.011	0.013	0.014	0.020	0.025	0.028	0.031	0.037	0.039
9.0	0.006	0.007	0.008	0.009	0.010	0.011	0.016	0.020	0.024	0.026	0.032	0.035
10.0	0.005	0.006	0.007	0.007	0.008	0.009	0.013	0.017	0.020	0.022	0.028	0.032
12.0	0.003	0.004	0.005	0.005	0.006	0.006	0.009	0.012	0.014	0.017	0.022	0.026
14.0	0.002	0.003	0.004	0.004	0.004	0.005	0.007	0.009	0.011	0.013	0.018	0.023
16.0	0.002	0.002	0.003	0.003	0.003	0.004	0.005	0.007	0.009	0.010	0.014	0.020
18.0	0.001	0.002	0.002	0.002	0.003	0.003	0.004	0.006	0.007	0.008	0.012	0.018
20.0	0.001	0.001	0.002	0.002	0.002	0.002	0.004	0.005	0.006	0.007	0.010	0.015
25.0	0.001	0.001	0.001	0.001	0.001	0.002	0.002	0.003	0.004	0.004	0.007	0.013
30.0	0.001	0.001	0.001	0.001	0.001	0.001	0.002	0.002	0.003	0.003	0.005	0.011
35.0	0.000	0.000	0.000	0.001	0.001	0.001	0.001	0.002	0.002	0.002	0.004	0.009
40.0	0.000	0.000	0.000	0.000	0.001	0.001	0.001	0.001	0.001	0.002	0.003	0.008

2. 铅直均布荷载作用任意点下的附加应力

在实际工程中,常需计算地基中任意点下的附加应力。此时,只要按角点下附加应力的计算公式分别进行计算,然后采用叠加原理求代数和即可。

图 2-16 中列出了几种计算点不在角点的情况(即任意点),其计算方法为:通过任意点 o,把荷载面分成若干个矩形面积,这样 o 点就必然落到所划出的各个小矩形的公共角点上,然后再按式(2-18)计算每个矩形角点下同一深度 z 处的附加应力 σ_z,并求出代数和。应该注意:每个小矩形的长边为 l_i,短边为 b_i。

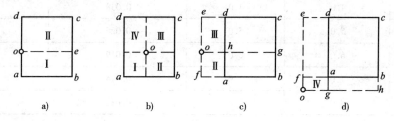

图 2-16　角点法计算任意点下附加应力示意图

(1) o 点在基底边缘上

$$\sigma_z = (\alpha_{cⅠ} + \alpha_{cⅡ})p_0$$

式中:$\alpha_{cⅠ}$、$\alpha_{cⅡ}$——相应于面积Ⅰ、面积Ⅱ的角点下附加应力系数。

(2) o 点在基础底面内

$$\sigma_z = (\alpha_{cⅠ} + \alpha_{cⅡ} + \alpha_{cⅢ} + \alpha_{cⅣ})p_0$$

若 o 点在基底中心,则 $\sigma_z = 4\alpha_{cⅠ}p_0$(也可直接查中心点应力系数表计算)。

(3) o 点在基础底面边缘以外

此时,可设想将基础底面增大,使 o 点成为基础底面边缘上的点。基础底面是由Ⅰ($ofbg$)与Ⅱ($ofah$)之差和Ⅲ($oecg$)与Ⅳ($oedh$)之差合成。因此:

$$\sigma_z = (\alpha_{cⅠ} - \alpha_{cⅡ} + \alpha_{cⅢ} - \alpha_{cⅣ})p_0$$

（4）o 点在基底角点外侧

设想将基础底面扩大，使 o 点位于基础底面的角点上。基础底面是由图 2-16d）中的 I（$ohce$）扣除 II（$ohbf$）和 III（$ogde$）之后，再加上 IV（$ogaf$）而成。因此：

$$\sigma_z = (\alpha_{cI} - \alpha_{cII} - \alpha_{cIII} + \alpha_{cIV})p_0$$

例 2-3 某工程柱下两独立基础，埋置深度为 1.7m，基底尺寸为 2m×3m，作用于两个基础上的荷载均为 $F = 1308$kN，两基础中心距离为 6m，埋深范围内土的重度为 18kN/m³，试求：

（1）A 基础在自身所受荷载作用下地基中产生的附加应力；

（2）考虑相邻基础影响，A 基础下地基中的附加应力（只求基础中心点下的附加应力）。

解 （1）求基础底面的附加压力

$G = \gamma_G bld = 20 \times 2 \times 3 \times 1.7 = 204$kN

$p = \dfrac{F + G}{bl} = \dfrac{1308 + 204}{2 \times 3} = 252$kPa

$p_0 = p - \gamma d = 252 - 18 \times 1.7 = 221.4$kPa

计算 A 基础中心点的附加应力（不考虑 B 基础的影响）。

过中心点将基底分为四部分，每部分 $l = 1.5$m，$b = 1.0$m，$l/b = 1.5$，列表 2-6 计算。

例 2-3 附表 1 　　　　　　表 2-6

点	z (m)	z/b	α_c	σ_z^A (kPa)
0	0	0	0.250	221.4
1	1.0	1.0	0.193	170.9
2	2.0	2.0	0.107	94.8
3	3.0	3.0	0.061	54.0
4	4.0	4.0	0.038	33.7
5	5.0	5.0	0.026	23.0
6	6.0	6.0	0.019	16.8
7	7.0	7.0	0.014	12.4
8	8.0	8.0	0.011	9.7

注：$l/b = 1.5$；$\sigma_z^A = 4\alpha_c p_0$。

（2）考虑相邻基础的影响所产生的附加应力。把 B 基底面积分为两块，每块对 A 基础的影响可看成荷载面 I（$oabc$）和荷载面 II（$oaed$）对 o 点附加应力之差合成。荷载面 I 的 $l/b = 7.0/1.5 = 4.67$，II 的 $l/b = 5.0/1.5 = 3.33$，列表 2-7 计算。

例 2-3 附表 2 　　　　　　表 2-7

点	z (m)	z/b	α_{cI}	α_{cII}	σ_z^B (kPa)	σ_z (kPa)
0	0	0	0.250	0.250	0.0	221.4
1	1.0	0.67	0.229	0.229	0.04	170.94
2	2.0	1.33	0.179	0.177	0.89	95.69
3	3.0	2.0	0.136	0.132	1.77	55.77

点	z （m）	z/b	$\alpha_{c\,I}$	$\alpha_{c\,II}$	σ_z^B （kPa）	σ_z （kPa）
4	4.0	2.67	0.106	0.100	2.66	36.36
5	5.0	3.33	0.086	0.079	3.10	26.10
6	6.0	4.0	0.070	0.062	3.54	20.34
7	7.0	4.67	0.058	0.050	3.54	15.94
8	8.0	5.33	0.048	0.042	2.66	12.36

注：荷载面 I 的 $l/b = 4.67$；

荷载面 II 的 $l/b = 3.33$；$\Delta\sigma_z = 2(\alpha_{c\,I} - \alpha_{c\,II})p_0$；

考虑相邻基础影响，A 基础下地基中的附加应力 $\sigma_z = \sigma_z^A + \sigma_z^B$。

将计算结果按适当比例绘于图 2-17 中。

3. 铅直三角形分布荷载作用角点下的附加应力

将坐标原点 o 建在荷载强度为零的一个角点上，由荷载的分布情况可知，荷载为零的两个角点下附加应力相同，荷载为 p_0 的两个角点下附加应力也相同。将荷载为零的角点记作 1 角点，荷载为 p_0 的角点为 2 角点。在基底面积内任取一微面积 $\mathrm{d}x\mathrm{d}y$，微面积上的荷载用 $\dfrac{y}{b}p_0\mathrm{d}x\mathrm{d}y$ 表示，则角点 o 下 z 深度处的附加应力 $\mathrm{d}\sigma_z$ 可按式(2-9c)计算，如图 2-18 所示。

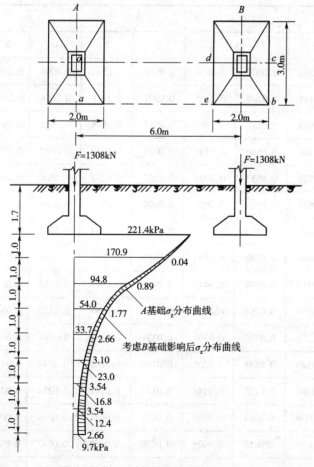

图 2-17　例 2-3 计算结果图（尺寸单位：m）

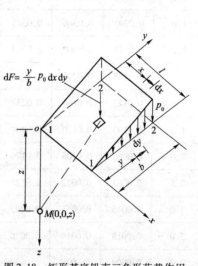

图 2-18　矩形基底铅直三角形荷载作用
角点下的附加应力

$$d\sigma_z = \frac{3}{2\pi} \frac{1}{b} \frac{yp_0 z^3}{(x^3 + y^3 + z^3)^{5/2}} dxdy \tag{2-19}$$

在整个矩形基础底面内积分得:

$$\sigma_z = \iint_A d\sigma_z = \frac{3p_0 z^3}{2\pi b} \int_0^b \int_0^l \frac{ydxdy}{(x^2 + y^2 + z^2)^{5/2}}$$

$$= \frac{p_0 l}{2\pi b}\left[\frac{z}{\sqrt{b^2 + l^2}} - \frac{z^3}{(b^2 + z^2)\sqrt{b^2 + l^2 + z^2}}\right]$$

令:

$$\alpha_z = \frac{l}{2\pi b}\left[\frac{z}{\sqrt{b^2 + l^2}} - \frac{z^3}{(b^2 + z^2)\sqrt{b^2 + l^2 + z^2}}\right]$$

则:

$$\sigma_z = \alpha_{z1} p_0 \tag{2-20}$$

式中:α_{z1}——1 角点下铅直向附加应力系数,由 l/b、z/b 查表 2-8 得到。

根据相同的方法,也可求得荷载 p_0 角点下的铅直向附加应力计算公式:

$$\sigma_z = \alpha_{z2} p_0 \tag{2-21}$$

式中:α_{z2}——2 角点下铅直向附加应力系数,由 l/b、z/b 查表 2-8 获得。应特别注意,对于三角形分布荷载,b 为荷载变化边,l 为另一边,这与均布荷载是不同的。

矩形基底铅直三角形分布荷载作用下角点下的铅直向附加应力系数 表 2-8

z/b \ l/b	0.2		0.4		0.6		0.8		1.0	
	1	2	1	2	1	2	1	2	1	2
0.0	0.0000	0.2500	0.0000	0.2500	0.0000	0.2500	0.0000	0.2500	0.0000	0.2500
0.2	0.0223	0.1821	0.0280	0.2115	0.0296	0.2165	0.0301	0.2178	0.0304	0.2182
0.4	0.0269	0.1094	0.0420	0.1604	0.0487	0.1781	0.0517	0.1844	0.0531	0.1870
0.6	0.0259	0.0700	0.0448	0.1165	0.0560	0.1405	0.0621	0.1520	0.0654	0.1575
0.8	0.0232	0.0480	0.0421	0.0853	0.0553	0.1093	0.0637	0.1232	0.0688	0.1311
1.0	0.0201	0.0346	0.0375	0.0638	0.0508	0.0852	0.0602	0.0996	0.0666	0.1086
1.2	0.0171	0.0260	0.0324	0.0491	0.0450	0.0673	0.0546	0.0807	0.0615	0.0901
1.4	0.0145	0.0202	0.0278	0.0386	0.0392	0.0540	0.0483	0.0661	0.0554	0.0751
1.6	0.0123	0.0160	0.0238	0.0310	0.0339	0.0440	0.0424	0.0547	0.0492	0.0628
1.8	0.0105	0.0130	0.0204	0.0254	0.0294	0.0363	0.0371	0.0457	0.0435	0.0534
2.0	0.0090	0.0108	0.0176	0.0211	0.0255	0.0304	0.0324	0.0387	0.0384	0.0456
2.5	0.0063	0.0072	0.0125	0.0140	0.0183	0.0205	0.0236	0.0265	0.0284	0.0313
3.0	0.0046	0.0051	0.0092	0.0100	0.0135	0.0148	0.0176	0.0192	0.0214	0.0233
5.0	0.0018	0.0019	0.0036	0.0038	0.0054	0.0056	0.0071	0.0074	0.0088	0.0091
7.0	0.0009	0.0010	0.0019	0.0019	0.0028	0.0029	0.0038	0.0038	0.0047	0.0047
10.0	0.0005	0.0004	0.0009	0.0010	0.0014	0.0014	0.0019	0.0019	0.0023	0.0024

续上表 学习记录

z/b \ l/b	1.2		1.4		1.6		1.8		2.0	
	1	2	1	2	1	2	1	2	1	2
0.0	0.0000	0.2500	0.0000	0.2500	0.0000	0.2500	0.0000	0.2500	0.0000	0.2500
0.2	0.0305	0.2184	0.0305	0.2185	0.0306	0.2185	0.0306	0.2185	0.0306	0.2185
0.4	0.0539	0.1881	0.0543	0.1886	0.0543	0.1889	0.0546	0.1891	0.0547	0.1892
0.6	0.0673	0.1602	0.0684	0.1616	0.0690	0.1625	0.0694	0.1630	0.0696	0.1633
0.8	0.0720	0.1355	0.0739	0.1381	0.0751	0.1396	0.0759	0.1405	0.0764	0.1412
1.0	0.0708	0.1143	0.0735	0.1176	0.0753	0.1202	0.0766	0.1215	0.0774	0.1225
1.2	0.0664	0.0962	0.0698	0.1007	0.0721	0.1037	0.0738	0.1055	0.0749	0.1069
1.4	0.0606	0.0817	0.0644	0.0864	0.0672	0.0897	0.0692	0.0921	0.0707	0.0937
1.6	0.0545	0.0696	0.0586	0.0743	0.0616	0.0780	0.0639	0.0806	0.0656	0.0826
1.8	0.0487	0.0596	0.0528	0.0644	0.0560	0.0681	0.0585	0.0709	0.0604	0.0730
2.0	0.0434	0.0513	0.0474	0.0560	0.0507	0.0596	0.0533	0.0625	0.0553	0.0649
2.5	0.0326	0.0365	0.0362	0.0405	0.0393	0.0440	0.0419	0.0469	0.0440	0.0491
3.0	0.0249	0.0270	0.0280	0.0303	0.0307	0.0333	0.0331	0.0359	0.0352	0.0380
5.0	0.0104	0.0108	0.0120	0.0123	0.0135	0.0139	0.0148	0.0154	0.0161	0.0167
7.0	0.0056	0.0056	0.0064	0.0066	0.0073	0.0074	0.0081	0.0085	0.0089	0.0091
10.0	0.0028	0.0028	0.0033	0.0032	0.0037	0.0037	0.0041	0.0042	0.0046	0.0046

z/b \ l/b	3.0		4.0		6.0		8.0		10.0	
	1	2	1	2	1	2	1	2	1	2
0.0	0.0000	0.2500	0.0000	0.2500	0.0000	0.2500	0.0000	0.2500	0.0000	0.2500
0.2	0.0306	0.2186	0.0306	0.2186	0.0306	0.2186	0.0306	0.2186	0.0306	0.2186
0.4	0.0548	0.1894	0.0549	0.1894	0.0545	0.1894	0.0549	0.1894	0.0549	0.1894
0.6	0.0701	0.1638	0.0702	0.1639	0.0702	0.1640	0.0702	0.1640	0.0702	0.1640
0.8	0.0773	0.1423	0.0776	0.1424	0.0776	0.1426	0.0776	0.1426	0.0776	0.1426
1.0	0.0790	0.1244	0.0794	0.1248	0.0795	0.1250	0.0796	0.1250	0.0796	0.1250
1.2	0.0774	0.1096	0.0779	0.1103	0.0782	0.1105	0.0783	0.1105	0.0783	0.1105
1.4	0.0739	0.0973	0.0748	0.0982	0.0752	0.0986	0.0752	0.0987	0.0753	0.0987
1.6	0.0697	0.0870	0.0708	0.0882	0.0714	0.0887	0.0715	0.0888	0.0713	0.0889
1.8	0.0652	0.0782	0.0666	0.0797	0.0673	0.0805	0.0675	0.0806	0.0675	0.0808
2.0	0.0607	0.0707	0.0624	0.0726	0.0634	0.0734	0.0636	0.0736	0.0636	0.0738
2.5	0.0504	0.0599	0.0525	0.0585	0.0543	0.0601	0.0547	0.0604	0.0548	0.0605
3.0	0.0419	0.0451	0.0449	0.0482	0.0469	0.0504	0.0474	0.0509	0.0476	0.0511
5.0	0.0214	0.0221	0.0248	0.0265	0.0283	0.0290	0.0296	0.0303	0.0301	0.0309
7.0	0.0124	0.0126	0.0152	0.0154	0.0186	0.0190	0.0204	0.0207	0.0212	0.0216
10.0	0.0066	0.0066	0.0084	0.0083	0.0111	0.0111	0.0128	0.0130	0.0139	0.0141

4.铅直三角形分布荷载作用任意点下的附加应力

任意点下的附加应力计算也采用叠加法,基本概念与均匀荷载的情况相同,只是在计算过程中,每块基底面所对应的荷载都不同,除了荷载面积需叠加外,荷载也应考虑叠加。

5.矩形基底铅直梯形分布荷载作用角点、任意点下的附加应力

梯形荷载可分成均布荷载与三角形分布荷载,然后按上述各自的方法计算、叠加即可。

三、圆形基础底面铅直均匀荷载作用下中心点及边缘下的附加应力

设圆形基础底面半径为 r_0,均布荷载强度为 p_0,计算基底中心点及边缘下的铅直附加应力。

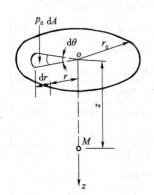

图 2-19 圆形基底铅直均布荷载作用中心点下的附加应力

现将极坐标的原点 o 建在圆心 o 处,在圆面积内取微面积 $dA = rd\theta dr$,将作用在微面积上的荷载视为一集中力 $dF = p_0 dA = p_0 rd\theta dr$,如图 2-19 所示。由此集中力在圆形基础中心点地基中 M 点引起的附加应力可按式(2-9c)计算:

$$d\sigma_z = \frac{3p_0 z^3 rd\theta dr}{2\pi (r^2 + z^2)^{5/2}} \tag{2-22}$$

在整个圆面积内积分,得:

$$\sigma_z = \iint_A d\sigma_z = \frac{3p_0 z^3}{2\pi} \int_0^{2\pi} \int_0^{r_0} \frac{rd\theta dr}{(r^2 + z^2)^{5/2}}$$

$$= p_0 \left[1 - \left(\frac{z^2}{z^2 + r_0^2} \right)^{3/2} \right]$$

令:

$$\alpha_0 = 1 - \left(\frac{z^2}{z^2 + r_0^2} \right)^{3/2}$$

则:

$$\sigma_z = \alpha_0 p_0 \tag{2-23}$$

式中:α_0——圆形基底铅直均布荷载作用中心点下的铅直附加应力系数,可按 z/r_0 查表 2-9 得到。

圆形基底铅直均匀荷载作用中心点下及边缘下的铅直向附加应力系数　　　　表 2-9

z/r_0 系数	α_0	α_r	z/r_0 系数	α_0	α_r	z/r_0 系数	α_0	α_r
0.0	1.000	0.500	1.6	0.390	0.244	3.2	0.130	0.103
0.1	0.999	0.482	1.7	0.360	0.229	3.3	0.124	0.099
0.2	0.993	0.464	1.8	0.332	0.217	3.4	0.117	0.094
0.3	0.976	0.447	1.9	0.307	0.204	3.5	0.111	0.089
0.4	0.949	0.432	2.0	0.285	0.193	3.6	0.106	0.084
0.5	0.911	0.412	2.1	0.264	0.182	3.7	0.100	0.079
0.6	0.864	0.374	2.2	0.246	0.172	3.8	0.096	0.074
0.7	0.811	0.369	2.3	0.229	0.162	3.9	0.091	0.07
0.8	0.756	0.363	2.4	0.211	0.154	4.0	0.087	0.066
0.9	0.701	0.347	2.5	0.200	0.146	4.2	0.079	0.058
1.0	0.646	0.332	2.6	0.187	0.139	4.4	0.073	0.052
1.1	0.595	0.313	2.7	0.175	0.133	4.6	0.067	0.049
1.2	0.547	0.303	2.8	0.165	0.125	4.8	0.062	0.047
1.3	0.502	0.286	2.9	0.155	0.119	5.0	0.057	0.045
1.4	0.461	0.270	3.0	0.146	0.113			
1.5	0.424	0.256	3.1	0.138	0.108			

根据相同的方法,也可求出圆形基底边缘下的附加应力计算式:

$$\sigma_z = \alpha_r p_0 \tag{2-24}$$

式中:α_r——圆形基底铅直均匀荷载作用边缘下的铅直向附加应力系数,由 z/r_0 查表2-9所示。

四、铅直均布线荷载作用下地基中的附加应力

在地基表面作用一铅直均布线荷载 $p(\mathrm{kN/m})$,该线荷载沿 y 轴无限延伸,计算由该荷载作用在 M 点引起的附加应力,如图2-20所示。

在 y 轴某微分段 $\mathrm{d}y$ 上的分布荷载可以用集中力 $\mathrm{d}F = p\mathrm{d}y$ 表示,在该集中力作用下,地基中任意点 M 处的铅直向附加应力 σ_z 可按式(2-9c)计算:

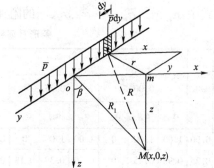

$$\mathrm{d}\sigma_z = \frac{3p}{2\pi}\frac{z^3}{R^5}\mathrm{d}y \tag{2-25}$$

将上式沿整个 y 轴积分,得:

$$\sigma_z = \int_{-\infty}^{\infty} \mathrm{d}\sigma_z = \int_{-\infty}^{\infty} \frac{3pz^3}{2\pi R^5}\mathrm{d}y = \frac{2pz^3}{\pi R_1^4} = \frac{2p}{\pi z}\cos^4\beta \tag{2-26}$$

图2-20　铅直均布线荷载作用下任意点的附加应力

根据相同的方法,也可求出铅直均布线荷载作用下,地基中任意点的水平向应力 σ_x 及剪应力 τ_{zx}:

$$\sigma_x = \frac{2pzx^2}{\pi R_1^4} = \frac{2p}{\pi z}\cos^2\beta\sin^2\beta \tag{2-27}$$

$$\tau_{zx} = \tau_{xz} = \frac{2pz^2x}{\pi R_1^4} = \frac{2p}{\pi z}\cos^2\beta\sin\beta \tag{2-28}$$

因为铅直均布线荷载沿 y 轴是无限延伸的,因此与 y 轴垂直的任何平面上的应力状态完全相同。这种情况属于弹性力学的平面问题,此时:

$$\tau_{xy} = \tau_{yx} = \tau_{zy} = \tau_{yz} = 0 \tag{2-29}$$

$$\sigma_y = \mu(\sigma_x + \sigma_z) \tag{2-30}$$

式中:μ——泊松比。

五、条形基础底面铅直均布荷载作用下地基中的附加应力

地基表面作用一宽度为 b 的均布条形荷载 p_0,沿 y 轴方向无限延伸(图2-21)。在计算条形基底铅直均布荷载作用下地基中任意一点 M 的附加应力时,可在宽度 b 方向取一微条 $\mathrm{d}\xi$,微条上的荷载可以用 $p = p_0\mathrm{d}\xi(\mathrm{kN/m})$ 表示,该微条可看做是铅直均布线荷载作用,在这种荷载作用下,地基中的附加应力可按式(2-26)、式(2-27)、式(2-28)计算。在 b 宽度内积分,即可得到条形基底铅直均布荷载作用下地基中任意点 M 的附加应力,计算公式为:

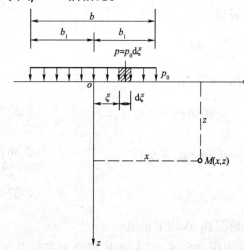

图2-21　条形基底铅直均布荷载作用下的附加应力

$$\sigma_z = \int_{-b_1}^{b_1} \frac{2b_0 z^3 \mathrm{d}\xi}{\pi[(x-\xi)^2 + z^2]}$$

$$= \frac{p_0}{\pi}\left(\arctan\frac{b_1 - x}{z} + \arctan\frac{b_1 + x}{z} \right)$$

$$- \frac{2p_0 b_1 z(x^2 - z^2 - b_1^2)}{\pi\left[(x^2 + z^2 - b_1^2)^2 + 4b_1^2 z^2 \right]} = \alpha_{sz} p_0 \tag{2-31}$$

$$\sigma_x = \alpha_{sx} p_0 \tag{2-32}$$

$$\tau_{zx} = \tau_{xz} = \alpha_{szx} p_0 \tag{2-33}$$

式中:α_{sz}、α_{sx}、α_{szx}——σ_z、σ_x、τ_{zx} 的附加应力系数,由 x/b、z/b 查表(2-10)得到。

条形基底铅直均布荷载作用下的附加应力系数　　　　表 2-10

z/b	x/b																	
	0.00			0.25			0.50			1.00			1.50			2.00		
	α_{sz}	α_{sx}	α_{szx}	α_{sz}	α_{sx}	α_{szx}	α_{sz}	α_{sx}	α_{szx}	α_{sz}	α_{sx}	α_{szx}	α_{sz}	α_{sx}	α_{szx}	α_{sz}	α_{sx}	α_{szx}
0.00	1.00	1.00	0	1.00	1.00	0	0.50	0.50	0.32	0	0	0	0	0	0	0	0	0
0.25	0.96	0.45	0	0.90	0.39	0.13	0.50	0.35	0.30	0.02	0.17	0.05	0.00	0.07	0.01	0	0.04	0
0.50	0.82	0.18	0	0.74	0.19	0.16	0.48	0.23	0.26	0.08	0.21	0.13	0.02	0.12	0.04	0	0.07	0.02
0.75	0.67	0.08	0	0.61	0.10	0.13	0.45	0.14	0.20	0.15	0.22	0.16	0.04	0.14	0.07	0.02	0.10	0.04
1.00	0.55	0.04	0	0.51	0.05	0.10	0.41	0.09	0.16	0.19	0.15	0.16	0.07	0.14	0.10	0.03	0.13	0.05
1.25	0.46	0.02	0	0.44	0.03	0.07	0.37	0.06	0.14	0.20	0.11	0.14	0.10	0.12	0.10	0.04	0.11	0.07
1.50	0.40	0.01	0	0.38	0.02	0.06	0.33	0.04	0.13	0.21	0.08	0.13	0.11	0.11	0.10	0.06	0.10	0.07
1.75	0.35	—	0	0.34	0.01	0.04	0.30	0.03	0.08	0.21	0.06	0.11	0.13	0.09	0.10	0.07	0.09	0.08
2.00	0.31	—	0	0.31	—	0.03	0.28	0.02	0.06	0.20	0.05	0.10	0.14	0.07	0.10	0.08	0.08	0.08
3.00	0.21	—	0	0.21	—	0.02	0.20	0.01	0.03	0.17	0.02	0.06	0.13	0.03	0.07	0.10	0.04	0.07
4.00	0.16	—	0	0.16	—	0.01	0.15	—	0.02	0.14	0.01	0.03	0.12	0.02	0.05	0.10	0.03	0.05
5.00	0.13	—	0	0.13	—	—	0.12	—	—	0.12	—	—	0.11	—	—	0.09	—	—
6.00	0.11	—	0	0.10	—	—	0.10	—	—	0.10	—	—	0.10	—	—	—	—	—

如果将上述的直角坐标换成极坐标表示如图 2-22 所示,在 x 轴上取一微分段长度为 dx,在此微分段上的荷载用线荷载表示,$p = p_0 dx$,进一步换算得:

$$p = p_0 dx = p_0 \frac{R d\beta}{\cos\beta} = \frac{p_0 z}{\cos^2\beta} d\beta \tag{2-34}$$

在整个基础宽度范围内积分,即 $d\beta$ 在 β_0 范围内变化,可得到:

$$\sigma_z = \int_{\beta_1}^{\beta_2} \frac{2p_0}{\pi} \cos^2\beta d\beta = \frac{p_0}{\pi}[\sin\beta_2\cos\beta_2 - \sin\beta_1\cos\beta_1 + (\beta_2 - \beta_1)] \tag{2-35}$$

$$\sigma_x = \frac{p_0}{\pi}[-\sin(\beta_2 - \beta_1)\cos(\beta_2 - \beta_1) + (\beta_2 - \beta_1)] \tag{2-36}$$

$$\tau_{xz} = \tau_{zx} = \frac{p_0}{\pi}(\sin^2\beta_2 - \sin^2\beta_1) \tag{2-37}$$

当 M 点位于基底宽度范围之内时,β_1 取负值,其他情况 β_1、β_2 均取正值。

将式(2-35)、式(2-36)、式(2-37)代入材料力学的主应力公式,可求得 M 点的大主应力 σ_1 与小主应力 σ_3。

$$\begin{matrix} \sigma_1 \\ \sigma_3 \end{matrix} = \frac{\sigma_z + \sigma_x}{2} \pm \sqrt{\left(\frac{\sigma_z - \sigma_x}{2}\right)^2 + \tau_{zx}^2}$$

$$= \frac{p_0}{\pi}[(\beta_2 - \beta_1) \pm \sin(\beta_2 - \beta_1)] \tag{2-38}$$

令 $\beta_0 = \beta_2 - \beta_1$ (β_0 称为视角),则上式改写成:

$$\begin{matrix} \sigma_1 \\ \sigma_3 \end{matrix} = \frac{p_0}{\pi}(\beta_0 \pm \sin\beta_0) \tag{2-39}$$

大主应力 σ_1 的方向为视角 β_0 的角分线方向,小主应力 σ_3 的方向与 σ_1 的方向垂直。

六、条形基底铅直三角形分布荷载作用下地基中的附加应力

条形基底铅直三角形分布荷载作用地基中的附加应力,同样可以通过积分的方法,以 $\mathrm{d}p = \frac{\xi}{2b_1}p_0\mathrm{d}\xi$ 代表线荷载,在整个基础宽度范围内积分(图2-23),得:

$$\sigma_z = \alpha_{tz}p_0 \tag{2-40}$$

$$\sigma_x = \alpha_{tx}p_0 \tag{2-41}$$

$$\tau_{zx} = \alpha_{tzx}p_0 \tag{2-42}$$

式中:α_{tz}、α_{tx}、α_{tzx}——σ_z、σ_x、τ_{zx} 对应的附加应力系数,可查表2-11得到。

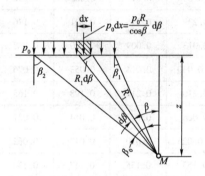

图2-22 用极坐标求解附加应力

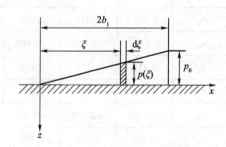

图2-23 条形基底铅直三角形分布荷载作用下地基中任意点的附加应力

条形基底铅直三角形分布荷载作用下的附加应力系数　　　表2-11

z/b 系数\x/b		−0.25	零角点 0.00	0.25	中点 0.50	0.75	角点 1.00	1.25	1.50
0.01	α_{tz}	0.000	0.003	0.249	0.500	0.750	0.497	0.000	0.000
	α_{tx}	0.005	0.026	0.249	0.487	0.718	0.467	0.015	0.006
	α_{tzx}	−0.000	−0.005	−0.010	−0.010	−0.009	0.313	0.001	0.000
0.1	α_{tz}	0.002	0.032	0.251	0.498	0.737	0.468	0.010	0.002
	α_{tx}	0.049	0.116	0.233	0.376	0.452	0.321	0.032	0.054
	α_{tzx}	−0.008	−0.044	−0.078	−0.075	−0.040	0.272	0.034	0.008
0.2	α_{tz}	0.009	0.061	0.255	0.489	0.682	0.437	0.050	0.009
	α_{tx}	0.084	0.146	0.219	0.269	0.259	0.230	0.186	0.097
	α_{tzx}	−0.025	−0.075	−0.129	−0.108	−0.016	0.231	0.091	0.028

续上表

z/b \ 系数 \ x/b		−0.25	零角点 0.00	0.25	中点 0.50	0.75	角点 1.00	1.25	1.50
0.4	α_{tz}	0.036	0.110	0.263	0.441	0.534	0.379	0.137	0.043
	α_{tx}	0.114	0.142	0.149	0.130	0.099	0.127	0.160	0.128
	α_{tzx}	−0.060	−0.108	−0.138	−0.104	0.020	0.167	0.139	0.071
0.6	α_{tz}	0.066	0.140	0.258	0.378	0.421	0.328	0.177	0.080
	α_{tx}	0.108	0.114	0.096	0.065	0.046	0.074	0.112	0.116
	α_{tzx}	−0.080	−0.112	−0.123	−0.077	0.025	0.122	0.132	0.093
0.8	α_{tz}	0.089	0.155	0.243	0.321	0.343	0.285	0.188	0.106
	α_{tx}	0.091	0.085	0.062	0.035	0.025	0.046	0.077	0.093
	α_{tzx}	−0.085	−0.104	−0.010	−0.056	0.021	0.090	0.112	0.096
1.0	α_{tz}	0.104	0.159	0.224	0.275	0.286	0.250	0.184	0.121
	α_{tx}	0.074	0.061	0.041	0.020	0.013	0.029	0.053	0.072
	α_{tzx}	−0.083	−0.091	−0.079	−0.040	0.017	0.068	0.092	0.089
1.2	α_{tz}	0.111	0.154	0.204	0.239	0.246	0.221	0.176	0.126
	α_{tx}	0.058	0.047	0.028	0.013	0.009	0.020	0.038	0.048
	α_{tzx}	−0.077	−0.081	−0.065	−0.030	0.014	0.053	0.076	0.080
1.4	α_{tz}	0.114	0.151	0.186	0.210	0.215	0.198	0.165	0.127
	α_{tx}	0.045	0.033	0.019	0.008	0.007	0.014	0.027	0.042
	α_{tzx}	−0.069	−0.066	−0.051	−0.023	0.010	0.042	0.062	0.070
2.0	α_{tz}	0.108	0.127	0.143	0.153	0.155	0.147	0.134	0.115
	α_{tx}	0.022	0.015	0.008	0.003	0.002	0.005	0.012	0.019
	α_{tzx}	−0.048	−0.041	−0.028	−0.012	0.006	0.023	0.037	0.046

例 2-4 某条形基础, 底面宽度 $b = 1.4\text{m}$, 作用于基底的附加压力为均匀分布, $p = 200\text{kPa}$。
要求:

(1)确定基底中点下的 σ_z 沿深度的分布;

(2) $z = 1.4\text{m}$、2.8m 深度处 σ_z 沿水平面的分布;

(3)基底边缘外 1.4m 处 σ_z 沿深度的分布。

解 (1)计算中心点下 σ_z 沿深度的分布。选计算深度 $z = 0.7\text{m}$、1.4m、2.1m、2.8m、4.2m、5.6m, 列表计算(由 x/b、z/b 查表 2-10, 得表 2-12)。将 σ_z 按一定比例绘于图 2-24 中。

(2)计算深度 $z = 1.4\text{m}$、2.8m 处水平面上的 σ_z 值, 列于表 2-13、表 2-14。将 σ_z 绘在图 2-24 中。

(3)计算基底边缘外 1.4m 处 σ_z 沿深度的分布, 列于表 2-15。将 σ_z 按相同比例绘在图 2-24 中。

表 2-12

$z(m)$	x/b	z/b	α_{sz}	$\sigma_z(kPa)$
0	0	0	1.00	200
0.7	0	0.5	0.82	164
1.4	0	1.0	0.55	110
2.1	0	1.5	0.40	80
2.8	0	2.0	0.31	62
4.2	0	3.0	0.21	42
5.6	0	4.0	0.16	32

表 2-13

$x(m)$	x/b	z/b	α_{sz}	$\sigma_z(kPa)$
0	0	1	0.55	110
0.7	0.5	1	0.41	82
1.4	1.0	1	0.19	38
2.1	1.5	1	0.07	14
2.8	2.0	1	0.03	6

表 2-14

$z(m)$	x/b	z/b	α_{sz}	$\sigma_z(kPa)$
0	0	2	0.31	62
0.7	0.5	2	0.28	56
1.4	1.0	2	0.20	40
2.1	1.5	2	0.13	26
2.8	2.0	2	0.08	16

表 2-15

$x(m)$	z/b	x/b	α_{sz}	$\sigma_z(kPa)$
0	0	1.5	0	0
0.7	0.5	1.5	0.02	4
1.4	1.0	1.5	0.07	14
2.1	1.5	1.5	0.11	22
2.8	2.0	1.5	0.13	26
4.2	3.0	1.5	0.14	28
5.6	4.0	1.5	0.12	24

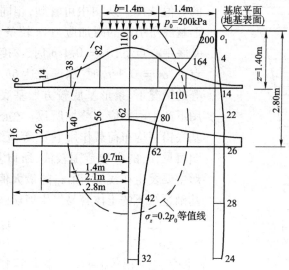

图 2-24 例 2-4 σ_z 分布图

例 2-5 某基础底面宽 $b=15m$，长 $l=160m$，铅直荷载（含基础重）1500kN·/m。弯矩 $M=750$kN·m/m，基础边荷载可忽略（即不计基坑挖除的土重），计算距基础中心 3.75m 的 C 点下附加应力 σ_z 沿深度的分布（C 点位于荷载偏心方向）。

解 （1）先求基底附加压力。因 $l/b=160/15>10$，为条形基础，忽略边荷载，因此：$p_0=p=$

$$\frac{F+G}{b}\left(1\pm\frac{6e}{b}\right)，即 \frac{p_{max}}{p_{min}}=\frac{1500}{15}\left(1\pm\frac{6\times0.5}{15}\right)=\frac{120\text{kPa}}{80\text{kPa}}。$$

（2）将条形基底铅直梯形分布荷载分成一个 $p_0=40$kPa 的三角形分布荷载与一个 $p_0=80$kPa 的均布荷载，计算 C 点以下 $z=0.15m$、1.5m、3.0m、6.0m、9.0m、12.0m、15.0m、18.0m、21.0m、30.0m 处的 σ_z 值（表 2-16），按一定比例将 σ_z 绘在图 2-25 中。

表 2-16

z(m)	z/b	均布荷载 p_0 = 80kPa			三角形分布荷载 p_0 = 40kPa			总铅直应力
		x/b	α_{sz}	σ_z(kPa)	x/b	α_{sz}	σ_z(kPa)	σ_z(kPa)
0.15	0.01	0.25	0.999	80.0	0.75	0.750	30.0	110.0
1.5	0.1	0.25	0.988	79.0	0.75	0.737	29.4	108.4
3.0	0.2	0.25	0.936	74.9	0.75	0.682	27.3	102.2
6.0	0.4	0.25	0.797	63.8	0.75	0.534	21.4	85.2
9.0	0.6	0.25	0.697	54.3	0.75	0.421	16.8	71.1
12.0	0.8	0.25	0.586	46.9	0.75	0.343	13.7	60.6
15.0	1.0	0.25	0.511	40.8	0.75	0.286	11.4	52.2
18.0	1.2	0.25	0.45	36.0	0.75	0.246	9.9	45.9
21.0	1.4	0.25	0.401	32.0	0.75	0.215	8.6	40.6
30.0	2.0	0.25	0.293	23.8	0.75	0.155	6.2	30.0

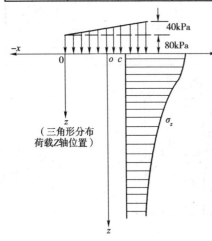

图 2-25 例 2-5 附加应力分布图

基底压力相同,而基底面积不同,地基中铅直附加应力分布也不同。图 2-26 为条形基底在铅直均布荷载作用和方形基底铅直均布荷载作用时,地基中铅直向附加应力的等值线图。从图中可看到,相同的基底附加压力 p_0,方形基底所引起的附加应力 σ_z 较条形基底要小。例如方形基底中心点下,$\sigma_z = 0.1 p_0$ 时,深度为 $2b$,而条形基底中心点下,$\sigma_z = 0.1 p_0$ 时,深度已达 $6b$。这是由于在 b 及 p_0 相等的情况下,条形基底较方形基底面积大,在相邻荷载作用下产生附加应力叠加所致。在图 2-26 中还给出了条形基底铅直均布荷载作用下 σ_x 等值线图和 τ_{zx} 等值线图。由图可见,σ_x 的影响范围较浅,所以基础下地基土的侧向变形主要发生在浅层;而 τ_{zx} 的最大值出现在基底边缘,因此基础边缘下的土体容易发生剪切破坏。

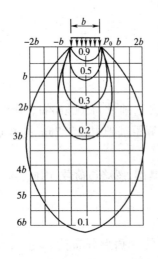

a)均布条形荷载 σ_z 等值线

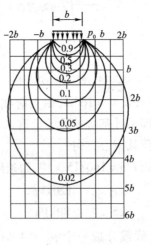

b)均布方形荷载 σ_z 等值线

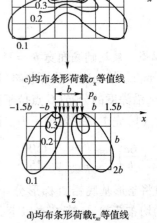

c)均布条形荷载 σ_x 等值线

d)均布条形荷载 τ_{zz} 等值线

图 2-26 σ_z、σ_x、τ_{xz} 等值线

七、非均质地基中的附加应力

以上介绍的附加应力计算方法,是假定地基为均质、连续、各向同性的线性弹性半无限空间体而得出的。然而实际上地基往往是非均质和各向异性的。如地基土的变形模量常随深度而增大,有的地基土具有明显的薄交互层状构造,有的则是由不同压缩性土层组成的成层土地基。这类问题是十分复杂的,目前仍没有完全的理论解答。但通过一些简单情况的解答可发现,非均质地基和各向异性地基与均质各向同性地基相比,地基中的应力有两种变化情况,一种是发生应力集中现象,一种是应力扩散现象(图2-27)。

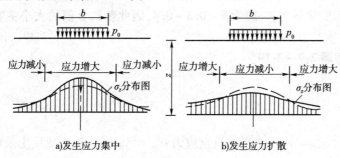

a)发生应力集中　　　　b)发生应力扩散

图2-27　非均质和各向异性地基对附加应力的影响

(虚线表示均质地基中水平面上的附加应力分布)

1. 变形模量随深度而增大的非均质地基

在天然地基中,土层在自重应力作用下已压缩稳定,自重应力的分布为随深度增大而增大,因而土的变形模量 E_0 也常随地基深度增大而增大,在砂土中这种情况最明显。与通常假定的均质地基比较,沿荷载中心线下,前者的地基中附加应力 σ_z 将发生图2-27中的应力集中现象。这种现象在现场测试和理论上都得到了证明。

2. 各向异性地基

由于土层在生成过程中,各个时期沉积物成分上的变化,土层会出现水平薄交互层现象,这种层理构造对很多土来说都很明显,往往导致土层沿铅直方向与水平方向的变形模量不同,常有水平方向的模量大于铅直方向模量的现象,这同样导致了土中附加应力的改变。理论证明:多数情况下,当水平方向的变形模量大于铅直方向的变形模量时,出现应力集中现象;当水平方向的变形模量小于铅直方向的变形模量时,出现应力扩散现象。

3. 双层地基

天然形成的地基有两种情况,一种是岩层上覆盖着不太厚的可压缩土层,另一种则是上层坚硬、下层软弱的双层地基。前者将发生应力集中现象,而后者将发生应力扩散现象。

图2-28表示为条形基底铅直均布荷载作用铅直向附加应力的分布,图中曲线1表示均质地基中附加应力分布图,曲线2为可压缩土层下存在岩层的附加应力分布,曲线3表示上层为坚硬土层,下层为软弱土层的附加应力分布图。

由于下卧刚性岩层的存在而引起的应力集中现象与岩层的埋藏深度或者说与上覆可压缩土层厚度有关,岩层埋藏越浅,应力集中的影响越显著。

表层有硬层是工程中经常遇到的,如机场跑道、混凝土或

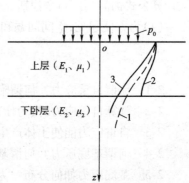

图2-28　双层地基附加应力分布

沥青路面以及地基表面有硬壳层的天然地基、表面经人工处理的地基,都属这类情况。表面硬层可吸收能量,使下层应力降低。在坚硬的上层、软弱下卧层这种双层地基中引起的应力扩散随上层厚度的增大更加显著,并且它还与双层地基的变形模量 E_0、泊松比 μ 有关,即随下列参数的增加而更为明显。

$$\beta = \frac{E_{01}}{E_{02}} \cdot \frac{1 - \mu_2^2}{1 - \mu_1^2} \tag{2-43}$$

式中:E_{01}、E_{02}——上面硬层与下卧软弱层的变形模量;

μ_1、μ_2——上面硬层与下卧软弱层的泊松比。

因为土的泊松比变化不大,一般为 $\mu = 0.3 \sim 0.4$,因此参数 β 值的大小主要取决于变形模量的比值。

◆ 请练习[思考题 2-7 ~ 2-10]

本章小结

1. 自重应力

竖直向自重应力 $\sigma_{cz} = \gamma z$,水平向自重应力 $\sigma_{cx} = K_0 \sigma_{cz}$。注意成层土及地下水位以下的自重应力计算。

2. 基底压力

基础底面处单位面积土体所受到的压力,又称接触压力。基底压力分布近似按直线变化考虑。

(1)中心荷载作用下基底压力按 $p = \dfrac{F + G}{A}$ 计算。

(2)偏心荷载作用下基底压力按 $\dfrac{p_{max}}{p_{min}} = \dfrac{F + G}{bl} \pm \dfrac{M}{W} = \dfrac{F + G}{bl}\left(1 \pm \dfrac{6e}{l}\right)$ 计算。

(3)基底附加压力按 $p_0 = p - \gamma_0 d$ 计算。

3. 地基附加应力

(1)基本课题:当弹性半无限空间体表面作用一个铅直集中力时,空间体内任意点的应力与位移可由布辛涅斯克公式得出。

(2)空间问题:矩形基础下地基中的附加应力计算,须将坐标原点选在基底角点处,利用布辛涅斯克公式并在基底范围内积分可得。此法又称角点法。

(3)平面问题:条形基础下地基中的附加应力计算,可任意选择计算点而不受角点法约束,但计算公式仍需利用布辛涅斯克公式推导得出。

(4)为方便起见,空间问题和平面问题下的附加应力计算可借助附加应力系数表格。

思 考 题

2-1 何谓自重应力?何谓附加应力?二者在地基中如何分布?

2-2 计算自重应力时,为什么地下水位以下要用浮重度?

2-3 自重应力能使土体产生压缩变形?水位下降能使土体产生压缩变形吗?

2-4 何谓基底压力?何谓基底附加应力?二者如何区别?

2-5 基底压力如何分布?为什么可以假定直线变化?

2-6 在偏心荷载作用下,基底压力如何计算?为什么会出现应力重新分布?

2-7 对于空间问题是如何求地基中任意点下附加应力的?

2-8 采用叠加法进行计算时,基底面积分割之后,如何确定 b、l?

2-9 附加应力在基底以外是如何沿深度分布的?

2-10 基底面积无限大,荷载为均布,此时地基中的附加应力有什么特点?

习 题

2-1 某土层及其物理指标如图 2-29 所示,计算土中自重应力。

2-2 某建筑场地的地质剖面图如图 2-30 所示,试绘 σ_{cz} 分布图。

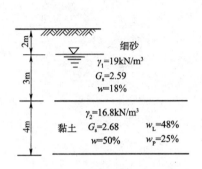

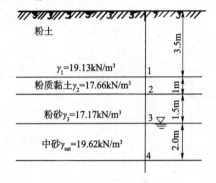

图 2-29 习题 2-1 图　　　　　　　　图 2-30 习题 2-2 图

2-3 某建筑场地,地表水平,各层土水平,基本情况如下:第一层为填土,厚度为 1.7m,γ = 16kN/m³;第二层为粉土,厚度为 3m,γ = 18kN/m³;第三层为粉质黏土,厚度为 2m,γ = 19kN/m³;第四层为黏土,厚度为 4m,γ = 18kN/m³。绘自重应力 σ_{cz} 沿深度的分布图。

2-4 如图 2-31 所示桥墩基础,已知基础底面尺寸 b = 4m,l = 10m,作用在基础底面中心的荷载 N = 4000kN,M = 2800kN·m,计算基础底面的压力。

2-5 一矩形基础,宽为 3m,长为 4m,在长边方向作用一偏心荷载 $F + G$ = 1200kN。偏心距为多少时,基底不会出现拉应力?试问当 p_{min} = 0 时,最大压力为多少?

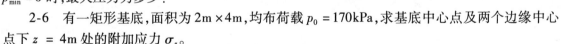

图 2-31 习题 2-4 图

2-6 有一矩形基底,面积为 2m×4m,均布荷载 p_0 = 170kPa,求基底中心点及两个边缘中心点下 z = 4m 处的附加应力 σ_z。

第三章 DISANZHANG

地基变形计算

本章导读

由于土具有压缩性,因而在建筑物基础荷载作用下,地基将会产生一定的沉降。地基基础的沉降,特别是建筑物基础各部分之间由于荷载不同或土层的压缩性不同而引起的不均匀沉降,会使建筑物上部结构产生附加应力,影响建筑物的安全和正常使用。因此,在地基基础设计过程中,预估地基沉降量和差异沉降量的大小,并设法控制其在建筑物所容许的范围以内,显得尤为重要。

地基沉降量的大小,不仅与建筑物荷载的大小和分布有关,还与地基各土层的压缩性和厚度有关;同时,地基的沉降变形一般需要经历较长的一段时间,因此,估算某一时刻地基的变形大小也是十分必要的。

学习目标

1. 分析土的压缩性并掌握土的压缩性指标及其应用范围;
2. 熟练掌握地基最终变形计算的分层总和法;
3. 熟悉土的渗透性、有效应力原理和单向渗透固结理论;
4. 正确分析地基变形与时间的关系,计算建筑物某时刻的沉降。

学习重点

1. 地基最终变形计算的分层总和法;
2. 根据地基变形与时间的关系,计算建筑物某时刻的沉降。

学习难点

计算建筑物某时刻的沉降

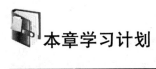**本章学习计划**

内　　容	建议自学时间（学时）	学习建议	学习记录
第一节　土的压缩性	0.5	1.明确土的压缩性及压缩性指标的定义； 2.重点掌握地基最终变形计算的分层总和法	
第二节　地基最终变形计算	1.5		
第三节　土的渗透性与渗透变形	0.5	熟知土的渗透性及渗透变形的定义	
第四节　饱和黏性土的单向渗透固结理论	2	1.弄清单向渗透固结理论的基本假定； 2.正确分析地基变形与时间的关系	
第五节　建筑物沉降观测与地基变形容许值	1		

地基土体在建筑物荷载作用下会发生变形,建筑物基础亦随之沉降。如果沉降超过容许范围,就会导致建筑物开裂或影响其正常使用,甚至造成建筑物破坏。因此,在建筑物设计与施工时,必须重视基础的沉降与不均匀沉降问题,并将建筑物的沉降量控制在《规范》容许的范围内。

为了准确计算地基的变形量,必须了解土的压缩性。通过室内和现场试验,可求出土的压缩性指标,利用这些指标,可计算基础的最终沉降量,并可研究地基变形与时间的关系,求出建筑物使用期间某一时刻的沉降量或完成一定沉降量所需要的时间。

第一节　土的压缩性

一、基本概念

土体在外部压力和周围环境作用下体积减小的特性称为土的压缩性。土体体积减小包括三个方面:

(1)土颗粒发生相对位移,土中水及气体从孔隙中排出,从而使土孔隙体积减小。

(2)土颗粒本身的压缩。

(3)土中水及封闭在土中的气体被压缩。

在一般情况下,土受到的压力常在 100～600kPa 之间,这时土颗粒及水的压缩变形量不到全部土体压缩变形量的 1/400,可以忽略不计。因此,土的压缩变形主要是由于土体孔隙体积减小的缘故。

土体压缩变形的快慢取决于土中水排出的速度,排水速率既取决于土体孔隙通道的大小,又取决于土中黏粒含量的多少。对透水性大的砂土,其压缩过程在加载后的较短时期内即可完成;对于黏性土,尤其是饱和软黏土,由于黏粒含量多,排水通道狭窄,孔隙水的排出速率很低,其压缩过程比砂性土要长得多。土体在外部压力下,压缩随时间增长的过程称为土的固结。由于是依赖于孔隙水压力变化而产生的固结,称为主固结。不依赖于孔隙水压力变化,在有效应力不变时,由于颗粒间位置变动引起的固结称为次固结。土的固结在土力学中是很复杂而又非常重要的课题。

在相同压力条件下,不同土的压缩变形量差别很大,可通过室内压缩试验或现场载荷试验测定。

二、压缩试验及压缩性指标

1.压缩试验

土的压缩性一般可通过室内压缩试验来确定,试验过程大致如下:先用金属环刀切取原状土样,然后将土样连同环刀一起放入压缩仪内(图 3-1),再分级加载。在每级荷载作用下压至变形稳定,测出土样稳定变形量后,再加下一级压力。一般土样加四级荷载,即 50kPa、100kPa、200kPa、400kPa,根据每级荷载下的稳定变形量,可以计算出相应荷载作用下的孔隙比。由于在整个压缩过程中土样不能侧向膨胀,这种方法又称

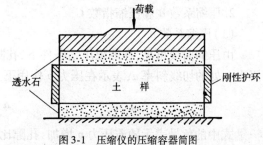

图 3-1　压缩仪的压缩容器简图

为侧限压缩试验。

设土样的初始高度为 h_0（图 3-2），土样的断面积为 A（即压缩仪取样环刀的断面积），此时土样的初始孔隙比 e_0 和土颗粒体积 V_s 可用下式表示：

$$e_0 = \frac{V_v}{V_s} = \frac{Ah_0 - V_s}{V_s}$$

式中：V_v——土中孔隙体积。

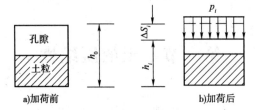

图 3-2　压缩试验土样变形示意图

则土粒体积：

$$V_s = \frac{Ah_0}{1 + e_0} \tag{3-1}$$

压力增加至 p_i 时，土样的稳定变形量为 ΔS_i，土样的高度 $h_i = h_0 - \Delta S_i$，见图 3-2b）。此时，土样的孔隙比为 e_i，土颗粒体积为：

$$V_{si} = \frac{A(h_0 - \Delta S_i)}{1 + e_i} \tag{3-2}$$

由于土样是在侧限条件下受压缩，所以土样的截面积 A 不变。假定土颗粒是不可压缩的，故 $V_s = V_{si}$，即：

$$\frac{Ah_0}{1 + e_0} = \frac{A(h_0 - \Delta S_i)}{1 + e_i}$$

则：

$$\Delta S_i = \frac{(e_0 - e_i)h_0}{1 + e_0} \tag{3-3}$$

或：

$$e_i = e_0 - \frac{\Delta S_i}{h_0}(1 + e_0) \tag{3-4}$$

式中，$e_0 = (d_s \rho_w / \rho_d) - 1$，其中 d_s、ρ_w、ρ_d 分别为土粒的相对密度、水的密度和土样的初始干密度（即试验前土样的干密度）。

根据某级荷载下的稳定变形量 ΔS_i，按式（3-4）即可求出该级荷载下的孔隙比 e_i，然后以横坐标表示压力 p、纵坐标表示孔隙比 e，可绘出 e-p 关系曲线，此曲线称为压缩曲线，见图 3-3a）。

2. 压缩系数 a 和压缩指数 C_c

（1）压缩系数 a

由压缩曲线可见，在侧限压缩条件下，孔隙比 e 随压力的增加而减小。在压缩曲线上相应于压力 p 处的切线斜率 a，表示在压力 p 作用下土的压缩性：

$$a = -\frac{de}{dp} \tag{3-5}$$

式中的负号表示随着压力 p 增加，孔隙比 e 减小。当压力从 p_1 增至 p_2，孔隙比由 e_1 减至 e_2，

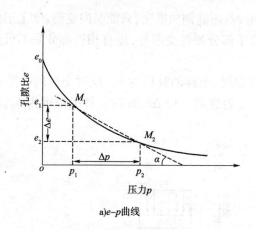
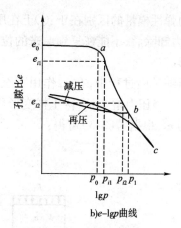

a)$e-p$曲线　　b)$e-\lg p$曲线

图3-3　压缩曲线

在此区段内的压缩性可用割线 M_1M_2 的斜率表示,见图3-3a)。设 M_1M_2 与横轴的夹角为 α ,则:

$$a = \tan\alpha = -\frac{\Delta e}{\Delta p} = \frac{e_1 - e_2}{p_2 - p_1} \tag{3-6a}$$

a 称为压缩系数。《规范》规定:p_1 和 p_2 的单位用 kPa 表示,a 的单位用 MPa^{-1}(或 m^2/MN)表示,则上式可写为:

$$a = -1000\frac{e_1 - e_2}{p_2 - p_1} \tag{3-6b}$$

从图 3-3a)可见,a 大则表示在一定压力范围内孔隙比变化大,说明土的压缩性高。不同的土压缩性变化是很大的。就同一种土而言,压缩曲线的斜率也是变化的,当压力增加时,曲线的直线斜率 a 将减小。一般对研究土中实际压力变化范围内的压缩性,均以压力由原来的自重应力 p_1 增加到外荷载作用下的土中应力 p_2(自重应力与附加应力之和)时土体显示的压缩性为代表。在实际工程中,土在压力变化范围为 $p_1 = 100$kPa、$p_2 = 200$kPa 作用下的压缩系数用 a_{1-2} 表示,利用 a_{1-2} 可评价土的压缩性高低。

$a_{1-2} < 0.1$MPa^{-1}时,属低压缩性土;

0.1MPa$^{-1} \leqslant a_{1-2} < 0.5$MPa^{-1}时,属中压缩性土;

$a_{1-2} \geqslant 0.5$MPa^{-1}时,属高压缩性土。

◆ 请练习[思考题 3-1 ~ 3-4]

(2)压缩指数 C_c

根据压缩试验资料,如果横坐标采用对数值,可绘出 $e-\lg p$ 曲线,见图3-3b),从图中可以看出,$e-\lg p$ 曲线的后半段接近直线。它的斜率称为压缩指数,用 C_c 表示:

$$C_c = \frac{e_{i1} - e_{i2}}{\lg p_{i2} - \lg p_{i1}} \tag{3-7}$$

压缩指数越大,土的压缩性越高。一般 $C_c > 0.4$ 时属高压缩性土;$C_c < 0.2$ 为低压缩性土;$C_c = 0.2 \sim 0.4$ 时属中等压缩性土。$e-\lg p$ 曲线除了用于计算 C_c 之外,还用于分析研究土层固结历史对沉降计算的影响,这里不作赘述。

◆ 请练习[思考题 3-5]

3. 压缩模量 E_s

土的压缩模量 E_s 是指在完全侧限条件下,土的竖向压力增量与应变增量 ε_z 的比值。它与一般材料的弹性模量的区别在于：①土在压缩试验时，不能侧向膨胀，只能竖向变形；②土不是弹性体，当压力卸除后，不能恢复到原来的位置。除了部分弹性变形外，还有相当部分是不可恢复的残余变形。

在压缩试验过程中，在 p_1 作用下至变形稳定时，土样的高度为 h_1，此时土样的孔隙比为 e_1（图3-4）。当压力增至 p_2，待土样变形稳定，其稳定变形量为 ΔS，此时土样的高度为 h_2，相应的孔隙比为 e_2，根据式（3-3）可得：

$$\Delta S = \frac{e_1 - e_2}{1 + e_1} h_1 \tag{3-8}$$

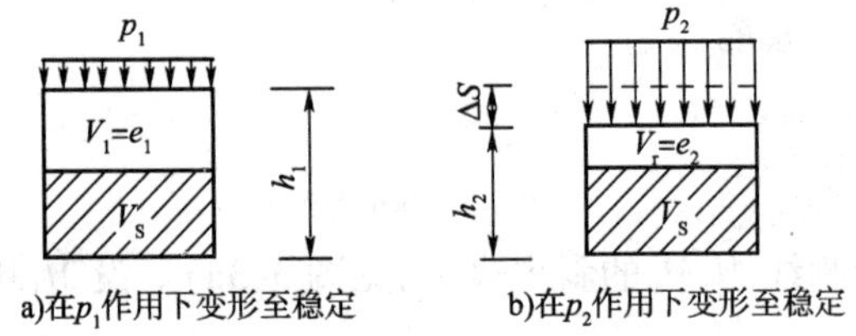

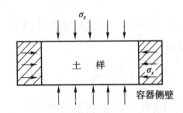

a)在 p_1 作用下变形至稳定   b)在 p_2 作用下变形至稳定

图3-4　压缩过程中土样变形示意图

根据 E_s 的定义及式（3-7）可得：

$$E_s = \frac{\sigma_z}{\varepsilon_z} = \frac{\Delta p_z}{\frac{\Delta S}{h_1}} = \frac{p_2 - p_1}{\frac{e_1 - e_2}{1 + e_1}} = \frac{1 + e_1}{a} \tag{3-9}$$

式中：Δp_z——土的竖向压力增量；

ε_z——土的竖向应变增量。

土的压缩模量 E_s 是表示土压缩性高低的又一个指标，从上式可见，E_s 与 a 成反比，即 a 越大，E_s 越小，土越软弱。

一般 $E_s < 4$ MPa 属高压缩性土，$E_s = 4 \sim 15$ MPa 属中等压缩性土，$E_s > 15$ MPa 为低压缩性土。应当注意，这种划分与按压缩系数划分不完全一致，因为不同的土其天然孔隙比是不相同的。

◈ 请练习[思考题3-6]

4. 变形模量 E_0

土的变形模量 E_0 是土体在无侧限条件下的应力增量与应变增量的比值，可以由室内侧限压缩试验得到的压缩模量求得，也可通过静载荷试验确定。

（1）由室内试验测定的 E_s 推求 E_0

土样在侧限压缩试验时，由于受到压缩仪容器侧壁的阻挡（如图3-5所示，假定器壁的摩擦力为零），在铅直方向的压力作用下，试样中的正应力为 σ_z，由于试样的受力条件和土体中自重引起的应力完全相同，属轴对称问题，所以相应的水平向正应力 $\sigma_x = \sigma_y$，与 σ_z 的关系为：

$$\sigma_x = \sigma_y = K_0 \sigma_z \tag{3-10}$$

图3-5　容器中土样受力示意图

式中：K_0——土的侧压力系数，通过侧限条件下的试验确定；无试验条件时，可查表2-1所列经验值。

在侧限条件下，水平方向的应变为：

$$\varepsilon_x = \varepsilon_y = 0 \tag{3-11}$$

根据广义胡克定律：

$$\varepsilon_x = \frac{\sigma_x}{E_0} - \mu\frac{\sigma_y}{E_0} - \mu\frac{\sigma_z}{E_0} = 0 \tag{3-12}$$

$$\sigma_x - \mu\sigma_y - \mu\sigma_z = 0$$

$$K_0\sigma_z - \mu K_0\sigma_z - \mu\sigma_z = 0$$

$$K_0(1-\mu) - \mu = 0$$

$$K_0 = \frac{\mu}{1-\mu} \tag{3-13}$$

铅直方向的应变 ε_z 可按下式计算：

$$\varepsilon_z = \frac{\sigma_z}{E_0} - \mu\frac{\sigma_x + \sigma_y}{E_0} = \frac{\sigma_z}{E_0} - \mu\frac{2K_0\sigma_z}{E_0} = \frac{\sigma_z}{E_0}(1 - 2\mu K_0) = \frac{\sigma_z}{E_0}\left(1 - \frac{2\mu^2}{1-\mu}\right) \tag{3-14}$$

上式可写成：

$$E_0 = \frac{\sigma_z}{\varepsilon_z}\left(1 - \frac{2\mu^2}{1-\mu}\right) \tag{3-15}$$

令：

$$\beta = \left(1 - \frac{2\mu^2}{1-\mu}\right)$$

则：

$$E_0 = \beta\frac{\sigma_z}{\varepsilon_z} = \beta E_s \tag{3-16}$$

式(3-16)即为按室内侧限压缩试验测定的压缩模量 E_s 计算变形模量的公式。应该说明：上式只是 E_0 与 E_s 之间的理论关系。实际上室内侧限压缩试验与现场土体受力情况是不完全一致的，如：①室内压缩试验的土样一般受到的扰动较大（尤其是低压缩性土体）；②现场受荷情况与室内压缩试验的加荷速率也不对应；③土的泊松比不易精确测定。因此，要得到能较好地反映土的压缩性指标，应在现场进行静载荷试验。

（2）由静载荷试验确定 E_0

土的变形模量除由压缩试验确定外，还可通过现场原位测试求出，如利用静载荷试验或旁压试验（详见第六章的有关内容）测定土的变形与应力之间的近似比例关系，利用弹性力学公式反算地基土的变形模量 E_0。

静载荷试验装置一般由加荷装置、反力装置及观测装置三大部分组成。加荷装置由载荷板（承压板）、千斤顶组成；反力装置由地锚或堆载组成；观测装置包括百分表、固定支架等。

在试验过程中，由逐级增加的荷载测定相应的荷载板的稳定沉降量。根据试验结果，按一定比例以压力 p 为横坐标，稳定沉降量 S 为纵坐标，可绘出压力与变形（p-S）关系曲线（图3-6）。此时，可以采用弹性力学公式来反求地基土的变形模量 E_0，计算式为：

$$E_0 = \omega(1 - \mu^2)\frac{pb}{S} \tag{3-17}$$

式中：E_0——地基土的变形模量（MPa）；

　　ω——载荷板形状系数，方形板取0.88，圆形板取0.79；

　　μ——土的泊松比；

　　b——载荷板宽度或直径（mm）。

按现场静载荷试验确定的土体变形模量 E_0 比按

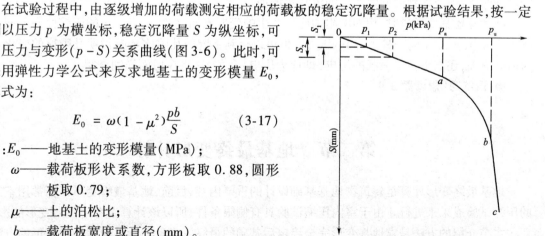

图3-6 载荷试验 p-S 曲线

βE_s 计算值更能反映土体压缩性质。因此,对于重要建筑物,最好采用现场载荷试验确定 E_0 值。现场载荷试验还具有下列优点:①压力影响深度可达 1.5~2 倍的载荷板直径,试验成果能反映较大一部分土的压缩性质;②对土体的扰动程度比钻孔取样、室内测试要小得多;③荷载板下土体受力与实际工程情况一致。但存在的缺点也是显而易见的,如工作量大、费时、不经济,所规定的沉降稳定标准也带有很大的近似性,特别对于软黏土,由于土的渗透系数小,难以测定稳定变形量。虽然测定深度达到 1.5~2 倍的荷载板直径,但对于深层土仍显不足。对于深层土,目前可采用螺旋板深层载荷试验、旁压试验和触探试验进行测试(参阅有关书籍)。

◆ 请练习[思考题 3-7、3-8]

三、土的回弹与再压缩性质

根据室内侧限压缩试验不仅可以得到逐级加荷的压缩曲线,也可以得到逐级卸荷的回弹曲线,如图 3-7 所示,这两条曲线并不重合,这说明土的变形由两部分组成,卸载后能恢复的部分称为弹性变形,不能恢复的部分称为塑性变形。如果卸荷后重新逐级加荷,则可以得到再压缩曲线。从 e-p 曲线及 e-lg p 曲线均可看到,压缩曲线、回弹曲线、再压缩曲线都不重合,只有当再次加载超过卸除荷载之后,再压缩曲线才趋于压缩曲线的延长线。从图中可看到:回弹曲线和再压缩曲线构成一滞后环,这是土体并非完全弹性体的又一表征;压缩曲线的斜率大于再压缩曲线的斜率。

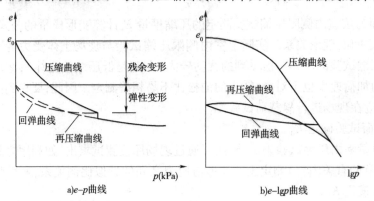

图 3-7 回弹再压缩曲线

当有些基坑开挖量很大、开挖时间较长时,就可能造成基坑土的回弹,因此在预估这种基础的沉降时,应该考虑到因回弹产生的沉降量增加。

在计算地基变形量时,相同的附加应力产生的变形不同,往往是由于土的压缩性质不同。由图 3-7 可看到,对于同一种土、同一压力 p 值可以得到不同的孔隙比 e,这说明孔隙比的变化不仅与荷载有关,还与土体受荷载的历史(即应力历史)有关,这将在后面详细介绍。

◆ 请练习[思考题 3-9]

第二节 地基最终变形计算

地基最终变形计算是建筑物地基基础设计的重要内容,目前,地基最终变形计算常用室内土的压缩试验成果来进行。由于室内压缩试验具有侧限条件,所以该计算未考虑侧向变形的影响。

本节介绍的方法是求地基变形完全稳定后基础的最终沉降量。计算地基最终变形的方法较多,以下主要阐述计算地基最终变形的单向压缩分层总和法、规范法及 e-lg p 曲线法。

一、单向压缩分层总和法

在荷载作用下,地基最终变形计算常用单向压缩分层总和法进行。所谓单向压缩,是指只计算地基土铅直向的变形,不考虑侧向变形,并以基础中心点的沉降代表基础的沉降量。

1. 计算公式

在荷载 p_1 作用下,土体已压缩稳定,试样高度为 h_1,孔隙比为 e_1,试样截面积为 A_1,现在荷载由 p_1 增加到 p_2,荷载增量 $\Delta p = p_2 - p_1$,在荷载 p_2 的作用下,土样压缩稳定后的高度为 h_2,孔隙比为 e_2,截面积为 A_2,因为试验是在侧限条件下进行的,所以 $A_1 = A_2$,如图 3-8 所示。

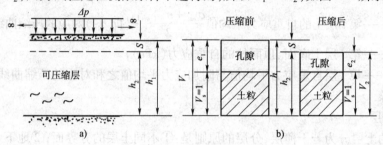

图 3-8　土的侧限压缩示意图

设压缩前的颗粒体积 $V_s = 1$,则 $V_v = e_1$,$V = 1 + e_1$,试样内颗粒的总体积为:

$$\frac{1}{1 + e_1} A_1 h_1 \tag{3-18}$$

同理可得压缩后颗粒体积为:

$$\frac{1}{1 + e_2} A_2 h_2 \tag{3-19}$$

在压缩过程中,颗粒不可压缩,因此:

$$\frac{1}{1 + e_1} A_1 h_1 = \frac{1}{1 + e_2} A_2 h_2$$

$$h_2 = \frac{1 + e_2}{1 + e_1} h_1$$

因为 $h_1 - h_2 = S$,所以:

$$S = h_1 - h_2 = h_1 - \frac{1 + e_2}{1 + e_1} h_1 = \frac{e_1 - e_2}{1 + e_1} h_1 \tag{3-20}$$

将 $-\Delta e = a\Delta p$ 代入上式得:

$$S = \frac{a}{1 + e_1} \Delta p h_1 \tag{3-21}$$

将 $E_s = \frac{1 + e_1}{a}$ 代入上式得:

$$S = \frac{\Delta p}{E_s} h_1 \tag{3-22}$$

将地基土在压缩范围内划分成若干薄层,按式(3-20)计算每一薄层的变形量,然后叠加即得到地基变形量:

$$S = S_1 + S_2 + \cdots + S_n = \sum_{i=1}^{n} \frac{e_{1i} - e_{2i}}{1 + e_{1i}} h_i \tag{3-23}$$

以上各式中:h_i——第 i 层土的厚度(m);

$\qquad e_1$——由薄压缩土层顶面和底面处自重应力的平均值 σ_{cz}(即 p_1)从压缩曲线上查得的相应的孔隙比;

$\qquad e_2$——由薄压缩土层顶面和底面处自重应力平均值与附加应力平均值(即 Δp)之和(即 p_2)从压缩曲线上查得的相应的孔隙比;

$\qquad a$——土的压缩系数;

$\qquad E_s$——土的压缩模量;

$\qquad \Delta p$——薄压缩土层顶面和底面的附加应力平均值(kPa);

$\qquad e_{1i}$——第 i 层土的自重应力平均值 $\dfrac{\sigma_{czi}+\sigma_{cz(i-1)}}{2}$(即 p_{1i})对应的压缩曲线上的孔隙比;

σ_{czi}、$\sigma_{cz(i-1)}$——第 i 层土底面、顶面处的自重应力(kPa);

$\qquad e_{2i}$——第 i 层自重应力平均值与附加应力平均值之和对应的压缩曲线上的孔隙比。

2. 计算步骤

(1)将土分层

将基础下的土层分为若干薄层,分层的原则是:①不同土层的分界面;②地下水位处;③应保证每薄层内附加应力分布线近似于直线,以便较准确地求出分层内附加应力平均值,一般可采用上薄下厚的方法分层;④每层土的厚度应小于基础宽度的0.4倍。

(2)计算自重应力

按计算公式 $\sigma_{cz}=\sum\limits_{i=1}^{n}\gamma_i h_i$ 计算出铅直自重应力在基础中心点沿深度 z 的分布,并按一定比例将其绘于 z 深度线的左侧。

注意:若开挖基坑后土体不产生回弹,自重应力从地面算起;地下水位以下采用土的浮重度计算。

(3)计算附加应力

计算附加应力在基底中心点处沿深度 z 的分布,按一定比例绘在 z 深度线右侧。注意:附加应力应从基础底面算起。

(4)受压层下限的确定

从理论上讲,在无限深度处仍有微小的附加应力,仍能引起地基的变形。考虑到在一定的深度处,附加应力已很小,它对土体的压缩作用已不大,可以忽略不计。因此,在实际工程计算中,可采用基底以下某一深度 z_n 作为基础沉降计算的下限深度。

工程中常以下式作为确定 z_n 的条件

$$\sigma_{zn}\leqslant 0.2\sigma_{czn} \tag{3-24}$$

式中:σ_{zn}——深度 z_n 处的铅直向附加应力(kPa);

$\qquad \sigma_{czn}$——深度 z_n 处的铅直向自重应力(kPa)。

即在深度 z_n 处,自重应力应该超过附加应力的5倍以上,其下的土层压缩量可忽略不计。但是,当 z_n 深度以下存在较软的高压缩土层时,实际计算深度还应加大,对软黏土应该加深至 $\sigma_{zn}\leqslant 0.1\sigma_{czn}$。

(5)计算各分层的自重应力、附加应力平均值

在计算各分层自重应力平均值与附加应力平均值时,可将薄层底面与顶面的计算值相加除以2(即取算术平均值)。

(6)确定各分层压缩前后的孔隙比

由各分层平均自重应力、平均自重应力与平均附加应力之和在相应的压缩曲线上查得初始孔隙比 e_{1i}、压缩稳定后的孔隙比 e_{2i}。

（7）计算地基最终变形量

$$S = \sum_{i=1}^{n} \frac{e_{1i} - e_{2i}}{1 + e_{1i}} h_i$$

例 3-1 某一矩形基础，底面尺寸为 $5m \times 20m$，中心荷载为 $F = 18800kN$，基础埋置深度为 $d = 3m$。地基第一层土厚 8m，土的重度 $\gamma_1 = 16kN/m^3$；第二层土厚 6m，土的重度 $\gamma_2 = 20kN/m^3$。压缩试验数据如表 3-1 所示，求基础中心点的沉降量。

压缩试验数据 　　　　表 3-1

	p_i(kPa)	50	100	200	400
e_i	第一层土	0.983	0.952	0.907	0.810
	第二层土	0.803	0.792	0.770	0.739

解 （1）确定分层厚度

根据分层原则，每薄层土的厚度 $h_i \leqslant 0.4b = 0.4 \times 5 = 2m$。第一层土厚度为 $h_1 = 8 - 3 = 5m$，可划分为 3 层，第一薄层取 1m，其他两薄层均取 2m；第二层土厚度为 $h_2 = 6m$，可划分为 3 层，每薄层均取 2m。

（2）计算自重应力

自重应力从天然地面算起，z 的取值自基础底面算起。基础底面中心点以下计算点的自重应力计算结果见表 3-2。

自重应力计算结果 　　　　表 3-2

z(m)	分层厚度 h_i(m)	土的重度 γ_i(kN/m³)	$\gamma_i h_i$(kPa)	σ_{cz}(kPa)
0	3	16	48	48
1	1	16	16	64
3	2	16	32	96
5	2	16	32	128
7	2	20	40	168
9	2	20	40	208
11	2	20	40	248

（3）计算附加应力

①计算基底压力：

$$p = \frac{F + G}{bl} = \frac{18800 + 100 \times 3 \times 20}{100} = 248kPa$$

②计算基底附加压力：

$$p_0 = p - \gamma d = 248 - 16 \times 3 = 200kPa$$

③计算基础中点下地基中各个计算点的附加应力：

用角点法计算，附加应力从基础底面算起。过基底中点将荷载面四等分，计算边长分别为 $l = 10m$，$b = 2.5m$，基础中心点下地基中各计算点附加应力的计算结果见表 3-3。

附加应力计算结果 表3-3

$z(m)$	z/b	l/b	α_c	$\sigma_z = 4\alpha_c p_0 (kPa)$
0	0	4	0.250	200.0
1	0.4	4	0.244	195.2
3	1.2	4	0.188	150.4
5	2.0	4	0.135	108.0
7	2.8	4	0.100	80.0
9	3.6	4	0.076	60.8
11	4.4	4	0.060	48.0

(4)计算各分层土的变形量

由压缩试验资料,根据 $S_i = \dfrac{e_{1i} - e_{2i}}{1 + e_{1i}} h_i$ 计算各分层土的变形量,计算结果见表3-4。

分层土变形量计算结果 表3-4

土层分层编号	$h_i(cm)$	平均自重应力 σ_{cz} (kPa)	平均附加应力 σ_z (kPa)	$\sigma_{cz} + \sigma_z$ (kPa)	e_1	e_2	$S_i(cm)$
1	100	56	197.6	253.6	0.979	0.881	4.95
2	200	80	172.8	252.8	0.964	0.881	8.45
3	200	112	129.2	241.2	0.947	0.887	6.16
4	200	148	94.0	242.0	0.781	0.756	2.81
5	200	188	70.4	258.4	0.773	0.761	1.35
6	200	228	54.4	282.4	0.766	0.757	1.02

(5)计算基础中心点的沉降量

$$S = \sum S_i = 4.95 + 8.45 + 6.16 + 2.81 + 1.35 + 1.02 = 24.74 cm$$

例3-2 某建筑物地基中的应力分布及土的压缩曲线如图3-9、图3-10所示,计算第二层土的变形量。

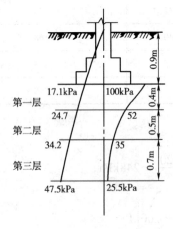

图3-9 例3-2 应力分布图

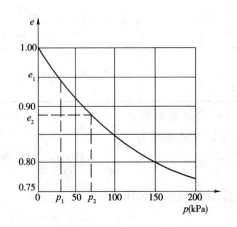

图3-10 例3-2 压缩曲线

解 (1)计算第二层土的自重应力平均值

$$\sigma_{cz} = \frac{24.7 + 34.2}{2} = 29.45\text{kPa} = p_1$$

（2）计算第二层土的附加应力平均值

$$\sigma_z = \frac{52.0 + 35.0}{2} = 43.5\text{kPa} = \Delta p$$

（3）自重应力与附加应力之和

$$\sigma_{cz} + \sigma_z = 29.45 + 43.5 = 72.95\text{kPa} = p_2$$

（4）查压缩曲线求 e_1、e_2

$$e_1 = 0.945, e_2 = 0.882$$

（5）计算第二层的变形量

$$S_2 = \frac{e_1 - e_2}{1 + e_1}h_2 = \frac{0.945 - 0.882}{1 + 0.945} \times 500 = 16.20\text{mm}$$

二、规范法

《规范》推荐的基础最终变形量计算方法，是由单向压缩分层总和法推导出的一种简化形式，目的在于减少繁重的计算工作，如附加应力计算等。因此，它仍然是采用侧限条件下的压缩试验获得的压缩性指标。在单向压缩分层总和法中，计算一薄层的附加应力平均值是采用薄层顶面和底面附加应力的算术平均值，规范法采用平均附加应力系数计算。该方法还规定了计算深度的标准，提出了基础沉降计算的修正系数，使计算成果与基础实际沉降更趋一致。另外，规范法对建筑物基础埋置较深的情况，提出了考虑开挖基坑时地基土的回弹，施工时又产生再压缩所造成的变形量的计算方法。

在推导计算公式时，设想地基是均质的，在侧限条件下土的压缩模量不随深度变化，由式（3-22）知：

z_i 深度范围内土体的变形量为

$$S_i = \frac{\Delta p_i}{E_s}z_i \tag{3-25}$$

z_{i-1} 深度范围内土体的变形量为

$$S_{i-1} = \frac{\Delta p_{i-1}}{E_s}z_{i-1} \tag{3-26}$$

$h_i = z_i - z_{i-1}$ 范围内土的变形量为

$$S'_i = S_i - S_{i-1} = \frac{\Delta p_i}{E_s}z_i - \frac{\Delta p_{i-1}}{E_s}z_{i-1} \tag{3-27}$$

上三式中：Δp_i——z_i 深度范围附加应力平均值（kPa）；

Δp_{i-1}——z_{i-1} 深度范围附加应力平均值（kPa）。

令 $\Delta p_i = \bar{\alpha}_i p_0$、$\Delta p_{i-1} = \bar{\alpha}_{i-1} p_0$，则式（3-27）可写成

$$S'_i = \frac{p_0}{E_s}(\bar{\alpha}_i z_i - \bar{\alpha}_{i-1} z_{i-1}) \tag{3-28}$$

式中：S'_i——第 i 层土变形量（mm）；

E_s——土的压缩模量（MPa）；

p_0——基底附加压力（kPa）；

$\bar{\alpha}_i$、$\bar{\alpha}_{i-1}$——对应 z_i、z_{i-1} 深度的平均附加应力系数。对于矩形基底铅直均布荷载，由 l/b、z/b 查

表3-5(条形基底 l/b 取10),l 为基础长边,b 为基础短边,对于矩形基底铅直三角形分布荷载由 l/b、z/b 查表3-6,b 为荷载变化边;

z_i、z_{i-1}——基础底面至第 i 层底面和 $i-1$ 层底面的距离(m)。

对于成层土,公式可改写成:

$$S' = \sum_{i-1}^{n} \frac{p_0}{E_s}(\overline{\alpha_i}z_i - \overline{\alpha_{i-1}}z_{i-1}) \tag{3-29}$$

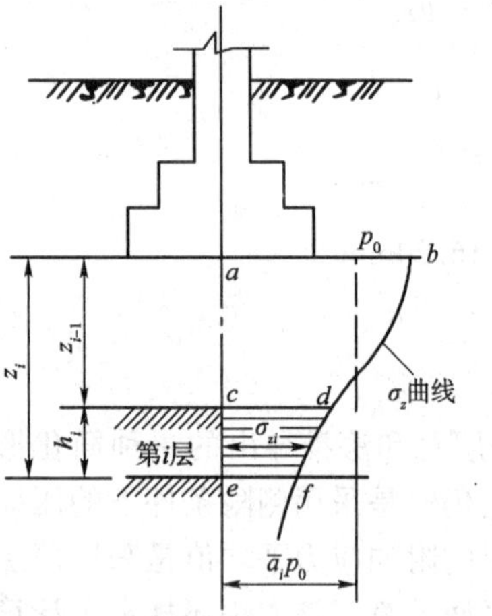

平均附加应力系数 $\overline{\alpha}$ 表的制作原理为:按式(3-22)计算第 i 层土的变形量:

$$S_i = \frac{\overline{\sigma_{zi}}}{E_{si}}h_i \tag{3-30}$$

图 3-11 平均附加应力系数的物理意义

式中,$\overline{\sigma_{zi}}$ 为第 i 层土的平均附加应力,$\overline{\sigma_{zi}} h_i$ 代表第 i 层土的附加应力面积,如图 3-11 中所示的 $cdfe$。由图可见:

$$A_{cdfe} = A_{abfe} - A_{abdc}$$

式中:A_{cdfe}——$cdfe$ 的面积;

A_{abfe}——$abfe$ 的面积;

A_{abdc}——$abdc$ 的面积。

令:
$$A_{abfe} = p_0 z_i \overline{\alpha_i}$$
$$A_{abdc} = p_0 z_{i-1} \overline{\alpha_{i-1}}$$

因此:
$$\overline{\alpha_i} = \frac{A_{abfe}}{p_0 z_i}, \quad \overline{\alpha_{i-1}} = \frac{A_{abdc}}{p_0 z_{i-1}}$$

矩形基底铅直均布荷载作用角点下的平均铅直向附加应力系数 $\overline{\alpha}$　　　　　表3-5

z/b \\ l/b	1.0	1.2	1.4	1.6	1.8	2.0	2.4	2.8	3.2	3.6	4.0	5.0	10.0
0.0	0.2500	0.2500	0.2500	0.2500	0.2500	0.2500	0.2500	0.2500	0.2500	0.2500	0.2500	0.2500	0.2500
0.2	0.2496	0.2497	0.2497	0.2498	0.2498	0.2498	0.2498	0.2498	0.2498	0.2498	0.2498	0.2498	0.2498
0.4	0.2474	0.2479	0.2481	0.2483	0.2484	0.2485	0.2485	0.2485	0.2485	0.2485	0.2485	0.2485	0.2485
0.6	0.2423	0.2437	0.2444	0.2448	0.2451	0.2452	0.2454	0.2455	0.2455	0.2455	0.2455	0.2455	0.2456
0.8	0.2346	0.2372	0.2387	0.2395	0.2400	0.2403	0.2407	0.2408	0.2409	0.2409	0.2410	0.2410	0.2410
1.0	0.2252	0.2291	0.2313	0.2326	0.2335	0.2340	0.2346	0.2349	0.2351	0.2352	0.2352	0.2353	0.2353
1.2	0.2149	0.2199	0.2229	0.2248	0.2260	0.2268	0.2278	0.2282	0.2285	0.2286	0.2287	0.2288	0.2289
1.4	0.2043	0.2102	0.2140	0.2164	0.2190	0.2191	0.2204	0.2211	0.2215	0.2217	0.2218	0.2220	0.2221
1.6	0.1936	0.2006	0.2049	0.2079	0.2099	0.2113	0.2130	0.2138	0.2143	0.2146	0.2148	0.2150	0.2152
1.8	0.1840	0.1912	0.1960	0.1994	0.2018	0.2034	0.2055	0.2066	0.2073	0.2077	0.2079	0.2082	0.2084
2.0	0.1746	0.1822	0.1875	0.1912	0.1938	0.1958	0.1982	0.1996	0.2004	0.2009	0.2012	0.2015	0.2018
2.2	0.1659	0.1737	0.1793	0.1833	0.1862	0.1883	0.1911	0.1927	0.1937	0.1943	0.1947	0.1952	0.1955
2.4	0.1578	0.1657	0.1715	0.1757	0.1789	0.1812	0.1843	0.1862	0.1873	0.1880	0.1885	0.1890	0.1895
2.6	0.1503	0.1583	0.1642	0.1686	0.1719	0.1745	0.1779	0.1799	0.1812	0.1820	0.1825	0.1832	0.1838
2.8	0.1433	0.1514	0.1574	0.1619	0.1654	0.1680	0.1717	0.1739	0.1753	0.1763	0.1769	0.1777	0.1784
3.0	0.1369	0.1449	0.1510	0.1556	0.1592	0.1619	0.1658	0.1682	0.1698	0.1708	0.1715	0.1725	0.1733
3.2	0.1310	0.1390	0.1450	.01497	0.1533	0.1562	0.1602	0.1628	0.1645	0.1657	0.1664	0.1675	0.1685

续上表

z/b \ l/b	1.0	1.2	1.4	1.6	1.8	2.0	2.4	2.8	3.2	3.6	4.0	5.0	10.0
3.4	0.1256	0.1334	0.1394	0.1441	0.1478	0.1508	0.1550	0.1577	0.1595	0.1607	0.1616	0.1628	0.1639
3.6	0.1205	0.1282	0.1342	0.1389	0.1427	0.1456	0.1500	0.1528	0.1548	0.1561	0.1570	0.1583	0.1595
3.8	0.1158	0.1234	0.1293	0.1340	0.1378	0.1408	0.1452	0.1482	0.1502	0.1516	0.1526	0.1541	0.1554
4.0	0.1114	0.1189	0.1248	0.1294	0.1332	0.1362	0.1408	0.1438	0.1459	0.1474	0.1485	0.1500	0.1516
4.2	0.1073	0.1147	0.1205	0.1251	0.1289	0.1319	0.1365	0.1396	0.1418	0.1434	0.1445	0.1462	0.1479
4.4	0.1035	0.1107	0.1164	0.1210	0.1248	0.1279	0.1325	0.1357	0.1379	0.1396	0.1407	0.1425	0.1444
4.6	0.1000	0.1070	0.1127	0.1172	0.1209	0.1240	0.1287	0.1319	0.1342	0.1359	0.1371	0.1390	0.1410
4.8	0.0967	0.1036	0.1091	0.1136	0.1173	0.1204	0.1250	0.1283	0.1307	0.1324	0.1337	0.1357	0.1379
5.0	0.0935	0.1003	0.1057	0.1102	0.1139	0.1169	0.1216	0.1249	0.1273	0.1291	0.1304	0.1325	0.1348
5.2	0.0906	0.0972	0.1026	0.1070	0.1106	0.1136	0.1183	0.1217	0.1241	0.1259	0.1273	0.1295	0.1320
5.4	0.0878	0.0943	0.0996	0.1039	0.1075	0.1105	0.1152	0.1186	0.1211	0.1229	0.1243	0.1265	0.1292
5.6	0.0852	0.0916	0.0968	0.1010	0.1046	0.1076	0.1122	0.1156	0.1181	0.1200	0.1215	0.1238	0.1266
5.8	0.0828	0.0890	0.0941	0.0983	0.1018	0.1047	0.1094	0.0028	0.1153	0.1172	0.1187	0.1211	0.1240
6.0	0.0805	0.0866	0.0915	0.0957	0.0991	0.1021	0.1067	0.1101	0.1126	0.1146	0.1161	0.1185	0.1216
6.2	0.0783	0.0842	0.0891	0.0932	0.0966	0.0995	0.1041	0.1075	0.1101	0.1120	0.1136	0.1161	0.1193
6.4	0.0762	0.0820	0.0869	0.0909	0.0942	0.0971	0.1016	0.1050	0.1076	0.1096	0.1111	0.1137	0.1171
6.6	0.0742	0.0799	0.0847	0.0886	0.0919	0.0948	0.0993	0.1027	0.1053	0.1073	0.1088	0.1114	0.1149
6.8	0.0723	0.0779	0.0826	0.0865	0.0898	0.0926	0.0970	0.1004	0.1030	0.1050	0.1066	0.1092	0.1129
7.0	0.0705	0.0761	0.0806	0.0844	0.0877	0.0904	0.0949	0.0982	0.1008	0.1028	0.1044	0.1071	0.1109
7.2	0.0688	0.0742	0.0787	0.0825	0.0857	0.0884	0.0928	0.0962	0.0987	0.1008	0.1023	0.1051	0.1090
7.4	0.0672	0.0725	0.0769	0.0806	0.0838	0.0865	0.0908	0.0942	0.0967	0.0988	0.1004	0.1031	0.1071
7.6	0.0656	0.0709	0.0752	0.0789	0.0820	0.0846	0.0889	0.0922	0.0948	0.0968	0.0984	0.1012	0.1054
7.8	0.0642	0.0693	0.0736	0.0771	0.0802	0.0828	0.0871	0.0904	0.0929	0.0950	0.0966	0.0994	0.1036
8.0	0.0627	0.0678	0.0720	0.0755	0.0785	0.0811	0.0853	0.0885	0.0912	0.0932	0.0948	0.0976	0.1020
8.2	0.0614	0.0663	0.0705	0.0739	0.0769	0.0795	0.0837	0.0869	0.0894	0.0914	0.0931	0.0959	0.1004
8.4	0.0601	0.0649	0.0690	0.0724	0.0754	0.0779	0.0820	0.0852	0.0878	0.0898	0.0914	0.0943	0.0988
8.6	0.0588	0.0636	0.0676	0.0710	0.0739	0.0764	0.0805	0.0836	0.0862	0.0882	0.0898	0.0927	0.0973
8.8	0.0576	0.0623	0.0663	0.0696	0.0724	0.0749	0.0790	0.0821	0.0846	0.0866	0.0882	0.0912	0.0959
9.2	0.0554	0.0599	00.637	0.0670	0.0697	0.0721	0.0761	0.0792	0.0817	0.0837	0.0853	0.0882	0.0931
9.6	0.0533	0.0577	0.0614	0.0645	0.0672	0.0696	0.0734	0.0765	0.0789	0.0809	0.0825	0.0855	0.0905
10.0	0.0514	0.0556	0.0592	0.0622	0.0649	0.0672	0.0710	0.0739	0.0763	0.0783	0.0799	0.0829	0.0880
10.4	0.0496	0.0533	0.0572	0.0601	0.0627	0.0649	0.0686	0.0716	0.0739	0.0759	0.0775	0.0904	0.0857
10.8	0.0479	0.0519	0.0553	0.0581	0.0606	0.0628	0.0664	0.0693	0.0717	0.0736	0.0751	0.0781	0.0834
11.2	0.0463	0.0502	0.0535	0.0563	0.0587	0.0606	0.0644	0.0672	0.0695	0.0714	0.0730	0.0759	0.0813
11.6	0.0448	0.0486	0.0518	0.0545	0.0569	0.0590	0.0625	0.0652	0.0975	0.0694	0.0709	0.0738	0.0793
12.0	0.0435	0.0471	0.0502	0.0529	0.0552	0.0573	0.0606	0.0634	0.0656	0.0674	0.0690	0.0719	0.0774
12.8	0.0409	0.0444	0.0474	0.0499	0.0521	0.0541	0.0573	0.0599	0.0621	0.0639	0.0654	0.0682	0.0739
13.6	0.0387	0.0420	0.0448	0.0472	0.0493	0.0512	0.0543	0.0568	0.0589	0.0607	0.0621	0.0649	0.0707
14.4	0.0367	0.0398	0.0425	0.0448	0.0468	0.0486	0.0516	0.0540	0.0561	0.0577	0.0592	0.0619	0.0677
15.2	0.0349	0.0379	0.0404	0.0426	0.0446	0.0463	0.0492	0.0515	0.0535	0.0551	0.0565	0.0592	0.0650
16.0	0.0332	0.0361	0.0385	0.0407	0.0425	0.0442	0.0469	0.0469	0.0511	0.0527	0.0540	0.0567	0.0625
18.0	0.0297	0.0323	0.0345	0.0364	0.0381	0.0396	0.0422	0.0442	0.0460	0.0475	0.0487	0.0512	0.0570
20.0	0.0269	0.0262	0.0312	0.0330	0.0345	0.0359	0.0383	0.0402	0.0418	0.0432	0.0444	0.0468	0.0524

矩形基底铅直三角形分布荷载作用角点下的平均铅直向附加应力系数 $\bar{\alpha}$ 　　　表 3-6

l/b 点	0.2		0.4		0.6		0.8		1.0	
z/b	1	2	1	2	1	2	1	2	1	2
0.0	0.0000	0.2500	0.0000	0.2500	0.0000	0.2500	0.0000	0.2500	0.0000	0.2500
0.2	0.0112	0.2161	0.0140	0.2308	0.0148	0.2333	0.0151	0.2339	0.0152	0.2341
0.4	0.0179	0.1810	0.0245	0.2084	0.0270	0.2153	0.0280	0.2175	0.0285	0.2184
0.6	0.0207	0.1505	0.0308	0.1851	0.0355	0.1966	0.0376	0.2011	0.0388	0.2030
0.8	0.0217	0.1277	0.0340	0.1640	0.0405	0.1787	0.0440	0.1852	0.0459	0.1883
1.0	0.0217	0.1104	0.0351	0.1461	0.0430	0.1624	0.0476	0.1704	0.0502	0.1746
1.2	0.0212	0.0970	0.0351	0.1312	0.0439	0.1480	0.0492	0.1571	0.0525	0.1621
1.4	0.0204	0.0865	0.0344	0.1187	0.0436	0.1356	0.0495	0.1451	0.0534	0.1507
1.6	0.0195	0.0779	0.0333	0.1082	0.0427	0.1247	0.0490	0.1345	0.0533	0.1405
1.8	0.0186	0.0709	0.0321	0.0993	0.0415	0.1153	0.0480	0.1252	0.0525	0.1313
2.0	0.0178	0.0650	0.0308	0.0917	0.0401	0.1071	0.0467	0.1169	0.0513	0.1232
2.5	0.0157	0.0538	0.0276	0.0769	0.0365	0.0908	0.0429	0.1000	0.0478	0.1063
3.0	0.0140	0.0458	0.0248	0.0661	0.0330	0.0786	0.0392	0.0871	0.0439	0.0931
5.0	0.0097	0.0289	0.0175	0.0424	0.0236	0.0476	0.0285	0.0576	0.0324	0.0624
7.0	0.0073	0.0211	0.0133	0.0311	0.0180	0.0352	0.0219	0.0427	0.0251	0.0465
10.0	0.0053	0.0150	0.0097	0.0222	0.0133	0.0253	0.0162	0.0308	0.0186	0.0336

l/b 点	1.2		1.4		1.6		1.8		2.0	
z/b	1	2	1	2	1	2	1	2	1	2
0.0	0.0000	0.2500	0.0000	0.2500	0.0000	0.2500	0.0000	0.2500	0.0000	0.2500
0.2	0.0153	0.2342	0.0153	0.2343	0.0253	0.2343	0.0153	0.2343	0.0153	0.2343
0.4	0.0288	0.2187	0.0289	0.2189	0.0290	0.2190	0.0290	0.2190	0.0290	0.2191
0.6	0.0394	0.2039	0.0397	0.2043	0.0399	0.2046	0.0400	0.2047	0.0401	0.2048
0.8	0.0470	0.1899	0.0476	0.1907	0.0480	0.1912	0.0482	0.1915	0.0483	3.1917
1.0	0.0518	0.1769	0.0528	0.1781	0.0534	0.1789	0.0538	0.1794	0.0540	0.1797
1.2	0.0546	0.1649	0.0560	0.1666	0.0568	0.1678	0.0574	0.1684	0.0577	0.1689
1.4	0.0559	0.1541	0.0575	0.1562	0.0586	0.1576	0.0594	0.1585	0.0599	0.1591
1.6	0.0561	0.1443	0.0580	0.1467	0.0594	0.1484	0.0603	0.1494	0.0609	0.1502
1.8	0.0556	0.1354	0.0578	0.1381	0.0593	0.1400	0.0604	0.1413	0.0611	0.1422
2.0	0.0547	0.1274	0.0570	0.1303	0.0587	0.1324	0.0599	0.1338	0.0608	0.1348
2.5	0.0513	0.1107	0.0540	0.1139	0.0560	0.1163	0.0575	0.1180	0.0586	0.1193
3.0	0.0476	0.0976	0.0503	0.1008	0.0525	0.1033	0.0541	0.1052	0.0554	0.1067
5.0	0.0356	0.0661	0.0382	0.0690	0.0403	0.0714	0.0421	0.0734	0.0435	0.0749
7.0	0.0277	0.0496	0.0299	0.0520	0.0318	0.0541	0.0333	0.0558	0.0347	0.0572
10.0	0.0207	0.0359	0.0224	0.0379	0.0239	0.0395	0.0252	0.0409	0.0263	0.0403

由 z_i 深度范围的附加应力面积 A_{abfe} ,除以基底附加应力 p_0 ,再除以深度 z_i ,即可制成平均附加应力系数表格(表3-5、表3-6)供查用。因此,《规范》称此方法为应力面积法。

与单向压缩分层总和法相同,地基变形计算深度采用符号 z_n 表示,规定 z_n 应满足下列条件:由该深度向上取计算厚度 Δz (Δz 由基础宽度 b 查表3-7确定)所得的计算变形量 $\Delta S'_n$ 应小于等于 z_n 深度范围内总的计算变形量 S' 的2.5%,即应满足下式要求:

Δz 值 表   表3-7

基础宽度 b (cm)	≤2	2~4	4~8	>8
Δz (m)	0.3	0.6	0.8	1.0

$$\Delta S'_n \leq 0.025 \sum_{i=1}^n S'_i \tag{3-31}$$

若 z_n 以下存在软弱土层时,还应向下继续计算,至软弱土层中 $\Delta S'_n$ 满足上式为止。

式(3-31)中 S'_i 包括相邻建筑的影响,可按应力叠加原理,采用角点法计算。当无相邻建筑物荷载影响,基础宽度在1~30m范围内时,基础中心点的沉降计算深度可按下式计算:

$$z_n = b(2.5 - 0.4\ln b) \tag{3-32}$$

式中: b ——基础宽度,$\ln b$ 为 b 的自然对数。

在计算深度范围内存在基岩时,z_n 可取至基岩表面;存在较厚的坚硬黏性土,其孔隙比小于0.5、压缩模量大于50MPa时,以及存在较厚的密实砂卵石层,其压缩模量大于80MPa时,z_n 可取至该层土表面。

根据大量沉降观测资料与式(3-29)计算结果比较发现:对较紧密的地基土,公式计算值较实测沉降值偏大;对较软弱的地基土,按公式计算得出的沉降值偏小。这是由于在公式推导过程中作了某些假定,有些复杂情况在公式中得不到反映:如使用弹性力学公式计算弹塑性地基土的应力,将三向变形假定为单向变形,非均质土层按均质土层计算等。因此,《规范》对式(3-29)用乘以经验系数的方法进行修正,即:

$$S = \psi_s \sum_{i=1}^n \frac{p_0}{E_s}(\overline{\alpha_i}z_i - \overline{\alpha_{i-1}}z_{i-1}) \tag{3-33}$$

式中: ψ_s ——沉降计算经验系数,可按当地沉降观测资料和经验确定,也可以按表3-8确定;

n ——地基沉降计算深度 z_n 范围内所划分的土层数。

沉降计算经验系数 ψ_s 表3-8

基底附加压力 \ $\overline{E}_s$ (MPa)	2.5	4.0	7.0	15.0	20.0
$p_0 \geq f_{ak}$	1.4	1.3	1.0	0.4	0.2
$p_0 \leq 0.75 f_{ak}$	1.1	1.0	0.7	0.4	0.2

表3-8中,f_{ak} 为地基承载力特征值(见第四章);$\overline{E}_s$ 为沉降计算深度范围内土体压缩模量的当量值,按下式计算:

$$\overline{E}_s = \frac{\sum A_i}{\sum \dfrac{A_i}{E_{si}}} \tag{3-34}$$

式中: A_i ——第 i 层土平均附加应力系数沿该土层厚度的积分值;

E_{si} ——第 i 层土的压缩模量。

　　在表3-5、表3-6均为矩形基底角点下的平均附加应力系数表。若计算荷载作用面(基底面)中心或任意点的平均附加应力时,仍可按前面章节讲述的叠加法计算;梯形荷载仍可分为均布荷载与三角形分布荷载进行计算。

当建筑物地下室基础埋置较深时,应考虑开挖基坑时地基土的回弹,建筑物施工时又产生地基土再压缩的状况,该部分沉降量可按式(3-35)计算。

$$S_c = \psi_c \sum_{i=1}^{n} \frac{p_{zc}}{E_{ci}}(z_i \bar{\alpha}_i - z_{i-1} \bar{\alpha}_{i-1}) \tag{3-35}$$

式中:S_c——考虑回弹影响的地基变形量;

ψ_c——考虑回弹影响的沉降计算经验系数,$\psi_c = 1.0$;

p_{zc}——基坑底面以上土的自重压力(kPa)地下水位以下应扣除浮力;

E_{ci}——土的回弹再压缩模量,按《土工试验方法标准》(GB/T 50123—1999)进行试验,根据在土的自重压力下退至零的回弹量确定(图3-12)。

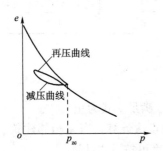

图3-12　土的回弹再压缩模量

例3-3　已知两相邻单独基础,基底底面尺寸均为2m×3m,埋深1.5m,中心荷载$F = 1200$kN,$f_{ak} = 280$kPa,其他资料如图3-13所示,求两个基础中心点的沉降量。

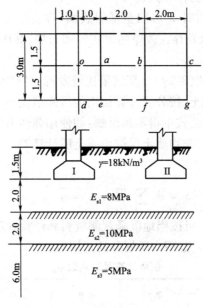

图3-13　例3-3附图

解　(1)先求基底压力

$$p = \frac{F + G}{A} = \frac{1200 + 2 \times 3 \times 1.5 \times 20}{2 \times 3} = 230\text{kPa}$$

(2)求基底附加压力

$$p_0 = p - \gamma d = 230 - 18 \times 1.5 = 203\text{kPa}$$

两个基础完全相同,只计算一个基础中心点的沉降即可。

由图3-13还可看出:基础Ⅰ下土层受基础Ⅰ和基础Ⅱ的荷载共同作用,即要考虑相邻基础的影响。

(3)计算过程(表3-9)

考虑基底以下 4m 处有较弱土层,试取 $z_n = 8m$,从 z_n 底面处向上取计算厚度 0.3m(按表 3-7 查),该土层变形量(查计算表 3-9)为 0.48mm,则:

$$\frac{\Delta S'_n}{\sum\limits_{i=1}^{n} S'_i} = \frac{0.48}{68.0} = 0.007 < 0.025$$

符合地基沉降计算深度的规定,故取 $z_n = 8m$。

(4)求 z_n 范围内土层压缩模量当量值 $\overline{E}_s$

$$\overline{E}_s = \frac{\sum\limits_{i=1}^{n} A_i}{\sum\limits_{i=1}^{n} \frac{A_i}{E_{si}}} = \frac{\sum\limits_{i=1}^{n} p_0(z_i\overline{\alpha}_i + z_{i-1}\overline{\alpha}_{i-1})}{\sum\limits_{i=1}^{n} \frac{p_0(z_i\overline{\alpha}_i + z_{i-1}\overline{\alpha}_{i-1})}{E_{si}}} = \frac{p_0(1.523 + 0.568 + 0.442)}{p_0\left(\frac{1.523}{8} + \frac{0.568}{10} + \frac{0.442}{5}\right)} = 7.56\text{MPa}$$

(5)求沉降计算修正系数

$$\frac{p_0}{f_{ak}} = \frac{203}{280} = 0.725 < 0.75$$

查表 3-8 得 $\psi_s = 0.68$。

(6)求基础 I 的最终沉降量

$$S = \psi_s S' = 0.68 \times 68 = 46.24\text{mm}$$

例 3-3 计 算 表 表 3-9

z_i (m)	基 础 I			基础 II 的影响			$\overline{\alpha}_i$	$z_i\overline{\alpha}_i$ (m)	$z_i\overline{\alpha}_i - z_{i-1}\overline{\alpha}_{i-1}$ (m)	E_{si} (MPa)	S'_i (mm)	$\sum\limits_{i=1}^{n} S'_i$ (mm)	$\frac{\Delta S'_n}{\sum\limits_{i=1}^{n} S'_i}$
	$\frac{l}{b}$	$\frac{z_i}{b}$	$\overline{\alpha}_i$	$\frac{l}{b}$	$\frac{z_i}{b}$	$\overline{\alpha}_i$							
0	$\frac{1.5}{1.0}=$ 1.5		0	$\frac{5.0}{1.5}=3.3$ $\frac{3.0}{1.5}=2.0$		0		0					
2	1.5	2.0	$4 \times 0.1894 =$ 0.7576	3.3 2.0	1.3	$2 \times (0.225 -$ $0.223) = 0.004$	0.7616	1.523	1.523	8	38.6	38.6	
4	1.5	4.0	$4 \times 0.1271 =$ 0.5084	3.3 2.0	2.7	0.0144	0.5228	2.091	0.568	10	11.5	50.1	
8	1.5	8.0	$4 \times 0.0738 =$ 0.2952	3.3 2.0	5.3	0.0214	0.3166	2.533	0.442	5	17.9	68.0	
7.7	1.5	7.7	$4 \times 0.0762 =$ 0.3048	3.3 2.0	5.1	0.0226	0.3274	2.521	0.012	5	0.48		$\frac{0.48}{68.0} =$ 0.007

◆ 请练习[思考题 3-10]

三、$e\text{-}\lg p$ 曲线法

1. 土层的应力历史

如前所述,根据室内压缩试验可绘出反映土体压缩性质的 $e\text{-}p$ 曲线及 $e\text{-}\lg p$ 曲线,根据 $e\text{-}p$ 曲线可计算土层变形量,根据 $e\text{-}\lg p$ 曲线同样也能计算。因为土层在历史上所受到的应力不尽相

同,在相同压力作用下产生的变形也不相同。下面首先讨论土层的应力历史。

（1）土的先(前)期固结压力

天然土层在历史上所经受过的最大固结压力(指土体在固结过程中所受到的最大有效压力),称为先(前)期固结压力。通常用先期固结压力与土层现在所受压力进行比较,将土层分为三种情况:土层在历史上所受到的先期固结压力等于现有上覆土重时,称为正常固结土;土层在历史上所受到的先期固结压力大于现有上覆土重时,称为超固结土;土层在历史上所受到的先期固结压力小于现有上覆土重时,称为欠固结土。图 3-14a)表示 A 类土层是逐渐沉积到现在地面的,由于土体的这段形成过程是漫长的,在土体自重应力作用下已经达到了固结稳定状态,其先期固结压力 p_c 等于现有的覆盖土自重应力 $p_1 = \gamma h$,即 σ_{cz},所以称 A 类土为正常固结土。图 3-14b)表示 B 类土层在历史上曾有过相当厚的上覆土层,在上覆土层产生的自重应力作用下也已压缩稳定,图中示出了当时沉积层的地表,后来由于流水、冰川(或人类活动)等的剥蚀作用而形成现在的地表,因此先期固结压力 $p_c = \gamma h_c$(h_c 为土层被剥蚀前地表下的计算点深度)超过了现有的土体自重应力 $p_1 = \gamma h$($h_c > h$),所以 B 类土是超固结(超密实)土,而土层先期固结压力 p_c 与土层现有自重应力 p_1 之比称为超固结比(OCR)。OCR 越大,表明土的超固结作用越大。图 3-14c)所示的 C 类土层也和 A 类土层一样是逐渐沉积到现在地面的,所不同的是这种沉积速度较快,或土层的渗透性很差,在自重应力作用下没有达到固结稳定状态。如新近沉积的黏性土、人工填土等,由于沉积后经历年代很短,在自重作用下还未完全固结,图中示出了固结稳定后现在地面将下沉的位置(虚线位置)。在这种情况下,C 类土孔隙中多余的水分还未完全排出,土体的自重由土颗粒和孔隙水两部分承担着,因此,C 类土的先期固结压力(土颗粒承担的部分)p_c 还小于现有的土体自重应力 p_1,所以 C 类土是欠固结土。

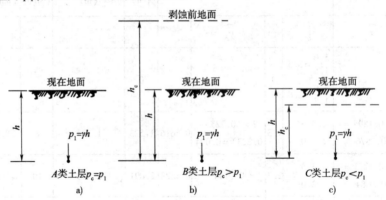

图 3-14 土层应力历史情况

通常使用卡萨格兰德(A. Cassagrande,1936 年)建议的经验作图法确定先期固结压力 p_c。其步骤为:

①在 $e\text{-}\lg p$ 曲线上找出曲率半径最小的一点 A,过 A 点作水平线 A_1 和切线 A_2;

②作 $\angle 1A2$ 的平分线 $A3$,与 $e\text{-}\lg p$ 曲线尾部直线段的延长线相交于 B 点;

③B 点的横坐标即为先期固结压力 p_c,如图 3-15 所示。

必须指出,采用这种方法确定先期固结压力的精度在很大程度上取决于曲率最大点 A 的确定。这要求取土质量要高,绘制 $e\text{-}\lg p$ 曲线要选用适当的比例尺等,有时很难找到一个突变的 A 点,因此不一定都能得到可靠的结果。确定先期固结压力还应结合场地形成历史的调查资料加以判断。如历史上由于自然力和人工开挖等剥去原始地表土层或在现场堆载预压等,都可能使土层成为超固结土;而新近沉积的黏性土、淤泥以及年代不久的人工填土等,则属欠固结土。

（2）现场原始压缩曲线的推求

现场原始压缩曲线是指室内压缩曲线 e-$\lg p$ 经修正后得出的符合现场原始土体孔隙比与有效应力的关系曲线。在计算地基的固结沉降时,必须首先弄清土层的应力历史,即判定土体属正常固结土、超固结土还是欠固结土,然后根据不同的固结情况,由现场原始压缩曲线确定不同的压缩性指标。

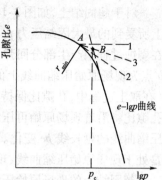

图 3-15　先期固结压力的推求

对于正常固结土（$p_c = p_1$）,如图 3-16 所示的 e-$\lg p$ 曲线中的 ab 段,表示土层在形成过程中,受到自重应力的作用,逐渐达到了固结稳定状态,从图中可看到孔隙比 e 与固结应力的对数 $\lg p$ 保持直线关系。b 点所对应的横坐标即土层在历史上所受到的先期固结压力 p_c,它等于现在的上覆土重产生的自重应力 p_1。在场地修建建筑物,土层中将产生附加应力,在附加应力作用下,土层孔隙比 e 的变化将沿着 ab 段的延长线发展,如图中虚线 bc 段。但是由于现场取土、室内试验对土的结构和应力状态总会有一些扰动影响,现场原始压缩曲线 abc 不能由室内直接测定,而必须将室内压缩曲线经过一定的修正后才能获得。图中的 bd 段,即是由于现场取土应力释放后的 e-$\lg p$ 关系线（取土时保持孔隙比不变）。图中也绘出了室内压缩曲线,由图可见,室内压缩曲线在现场原始压缩曲线的左下方。

正常固结土现场原始压缩曲线,可由室内压缩曲线按下列步骤加以修正后求得（图 3-17）：

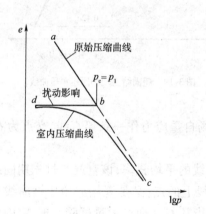

图 3-16　原压曲线与室内压缩曲线的关系

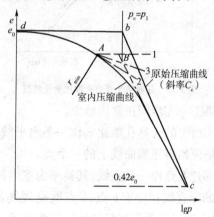

图 3-17　正常固结土的原压曲线推求

①按适当比例,将室内压缩试验结果（通常最大压力超过 1600kPa）绘成 e-$\lg p$ 曲线。

②在 e-$\lg p$ 曲线上确定曲率半径最小的 A 点,过 A 点作水平线 $A1$、切线 $A2$、$\angle 1A2$ 的平分线 $A3$。

③$A3$ 与 e-$\lg p$ 曲线尾部直线段延长线交点 B,B 点的横坐标为先期固结压力 p_c。

④过纵坐标为 e_0（初始孔隙比）的点作水平线,与过 B 点的铅直线相交于 b 点（对照图 3-16 可知,b 点即为现场原始压缩曲线上的一点）。

⑤由大量室内试验发现,将试样加以不同程度的扰动,所得到的 e-$\lg p$ 曲线不同,土样受扰动程度越大,e-$\lg p$ 曲线越靠近左下方。但这些曲线都大致交于 $e = 0.42e_0$ 这一点,由此推想,原始压缩曲线（扰动程度为零）也经过这一点。因此,室内压缩 e-$\lg p$ 曲线上孔隙比等于 $0.42e_0$ 的点为原始压缩曲线上的 c 点。

⑥连接 b、c 点的直线即现场原始压缩曲线,该直线的斜率即正常固结土的压缩指数 C_c。

对于超固结土,如图 3-18 所示,相应于现场原始压缩曲线 abc 中的 b 点的压力是土样在历史上所受到的最大固结压力 p_c,由于上覆土层的剥蚀,有效压力减小到现在的自重应力 p_1,因为土在剥蚀过程中产生部分回弹,所以应力 p_c 由减小到 p_1,孔隙比有所增大,如图中的回弹曲线部分。b 点为现场原始压缩曲线上的一点,b_1 点为现场再压缩曲线上的一点。图中的 b_1d 段为取土过程(在取土过程中,孔隙比保持不变,应力释放)。从理论上讲,当荷载在地基中产生附加应力时,孔隙比将沿着现场原始再压缩曲线 b_1c 变化。当压力超过先期固结压力时,曲线将沿现场原始压缩曲线的延长线 bc 变化。由于土样受到了一定程度的扰动,室内压缩曲线如图 3-18 所示,仍是处于现场原始压缩曲线、现场原始再压缩曲线左下方。

超固结土的现场原始压缩曲线与现场再压缩曲线,可由室内压缩曲线按下列步骤进行修正后求得(图 3-19):

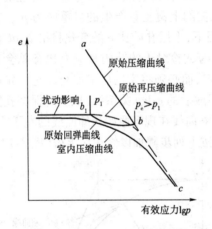

图 3-18 超固结土受力孔隙比变化情况

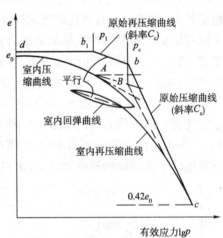

图 3-19 超固结土现场原压再压曲线

第①～③步同正常固结土。

④由土的天然孔隙比 e_0 作一条水平线,由试样的现场自重应力作一条铅直线,交点为 b_1,b_1 是现场原始再压缩曲线上的一个点。

⑤过 b_1 点作一条直线,其斜率为室内回弹、再压缩曲线的平均斜率,该直线与过先期固结压力 p_c 的铅直线相交于 b 点,b 点既是现场原始再压缩曲线上的点,又是现场原始压缩曲线上的点。b_1b 就近似看作现场原始再压缩曲线,其斜率为压缩指数 C_{c1}(通过大量试验发现,室内所做的多次回弹再压缩试验其曲线的平均斜率基本相同,故推想现场回弹再压缩曲线的平均斜率也与此相同)。

⑥在室内压缩曲线上找到现场原始压缩曲线上的另一点 c(纵坐标为 $0.42e_0$ 的点)。

⑦连接 b、c 点的直线即现场原始压缩曲线,其斜率为压缩指数 C_{c2}。

对于欠固结土,如前所述,它实际上是正常固结土的一类,它的现场原始压缩曲线的推求与正常固结土是相同的。

为了清楚地说明问题,上面按土的不同固结情况分别阐述了现场原始压缩曲线的推求方法。实际工程中,一般事先无法判断土的固结情况,所以按室内压缩曲线推求现场原始压缩曲线的实用方法为:

①通过高压固结仪(最大压力超过 1600kPa)在室内做压缩试验。在某一级压力下做回弹、再压缩试验。

②绘 e-$\lg p$ 曲线(包括回弹再压缩曲线)。

③按上述方法确定试样的先期固结压力 p_c。

④判断土的固结情况($p_c = p_1$ 为正常固结土, $p_c > p_1$ 为超固结土, $p_c < p_1$ 为欠固结土)。

⑤按土的固结情况由上述方法推求现场原始压缩曲线,确定 C_c 或 C_{c1} 和 C_{c2}。

2. 基础沉降计算

按 e-$\lg p$ 曲线计算基础沉降与 e-p 曲线法一样,都是假定地基只产生单向变形,采用侧限压缩试验结果推导的公式,并采用分层总和法进行的。下面分别介绍正常固结土、欠固结土和超固结土的计算方法。

(1)正常固结土的沉降计算

公式的推求方法可参照 e-p 曲线法进行:

$$S_i = \frac{h_i}{1 + e_{0i}} C_{ci} \lg\left(\frac{p_{1i} + \Delta p_i}{p_{1i}}\right) \tag{3-36}$$

$$S_i = \sum_{i=1}^{n} S_i = \sum_{i=1}^{n} \frac{h_i}{1 + e_{0i}} C_{ci} \lg\left(\frac{p_{1i} + \Delta p_i}{p_{1i}}\right) \tag{3-37}$$

式中:n——分层数;

e_{0i}——第 i 层土的初始孔隙比;

h_i——第 i 层土的厚度,m;

C_{ci}——由现场原始压缩曲线确定的第 i 层土的压缩指数;

p_{1i}——第 i 层土的平均自重应力(kPa), $p_{1i} = \dfrac{\sigma_{czi} + \sigma_{cz(i-1)}}{2}$;

Δp_i——第 i 层土的平均附加应力(kPa), $\Delta p_i = \dfrac{\sigma_{zi} + \sigma_{z(i-1)}}{2}$。

(2)欠固结土的沉降计算

对于欠固结土,由于在土的自重作用下还没有达到完全固结稳定,其土层已受到的固结压力即先期固结压力 p_c 小于现有的自重应力 p_1,故其沉降不仅仅是由于地基附加应力引起,而且还包括在自重应力作用下尚未完成的固结变形在内。因此,可近似地按正常固结土的现场原始压缩曲线,计算欠固结土在自重应力作用下继续固结的那一部分沉降与附加应力产生的沉降之和,计算式为:

$$S = \sum_{i=1}^{n} \frac{h_i}{1 + e_{0i}} C_{ci} \lg\left(\frac{p_{1i} + \Delta p_i}{p_{ci}}\right) \tag{3-38}$$

式中:p_{ci}——第 i 层土的先期固结压力,kPa,小于土的自重应力 p_{1i};

其他符号含义同前。

正常固结土与欠固结土的计算图式,可参照图 3-20、图 3-21。

(3)超固结土的沉降计算

计算超固结土的沉降时,应由现场原始再压缩曲线和现场原始压缩曲线分别确定出压缩指数 C_{c1} 和 C_{c2}。

第一种情况是,分层土的平均附加应力 Δp 小于 $(p_c - p_1)$,土层在这种压力增量作用下,孔隙比的减小是沿现场再压缩曲线进行的,其计算式为:

$$S_i = \frac{h_i}{1 + e_{0i}} C_{c1i} \lg\left(\frac{p_{1i} + \Delta p_i}{p_{1i}}\right) \tag{3-39}$$

$$S = \sum_{i=1}^{n} S_i = \sum_{i=1}^{n} \frac{h_i}{1+e_{0i}} C_{c1i} \lg\left(\frac{p_{1i}+\Delta p_i}{p_{1i}}\right) \tag{3-40}$$

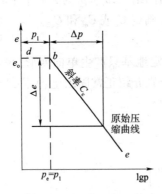

图 3-20 正常固结土的压缩过程

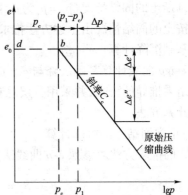

图 3-21 欠固结土的压缩过程

第二种情况是,分层土的平均附加应力 Δp 等于(p_c-p_1),在这种附加应力作用下,基本同第一种情况,计算式为:

$$S_i = \frac{h_i}{1+e_{0i}} C_{c1i} \lg\left(\frac{p_{1i}+\Delta p_i}{p_{1i}}\right) = \frac{h_i}{1+e_{0i}} C_{c1i} \lg\frac{p_{ci}}{p_{1i}} \tag{3-41}$$

$$S = \sum_{i=1}^{n} S_i = \sum_{i=1}^{n} \frac{h_i}{1+e_{0i}} C_{c1i} \lg\frac{p_{ci}}{p_{1i}} \tag{3-42}$$

第三种情况是,分层土的平均附加应力 Δp 大于(p_c-p_1),在这种压力增量作用下,孔隙比的减小首先发生在土层现场原始再压缩曲线段,之后又发生在现场原始压缩曲线段,计算式为:

$$S_i = \frac{h_i}{1+e_{0i}}\left[C_{c1i}\lg\left(\frac{p_{ci}}{p_{1i}}\right) + C_{c2i}\lg\left(\frac{p_{1i}+\Delta p_i}{p_{ci}}\right)\right] \tag{3-43}$$

$$S = \sum_{i=1}^{n} S_i = \sum_{i=1}^{n} \frac{h_i}{1+e_{0i}}\left[C_{c1i}\lg\left(\frac{p_{ci}}{p_{1i}}\right) + C_{c2i}\lg\left(\frac{p_{1i}+\Delta p_i}{p_{ci}}\right)\right] \tag{3-44}$$

应该说明,计算土层中可能三种情况同时存在$(\Delta p < p_c-p_1, \Delta p = p_c-p_1, \Delta p > p_c-p_1)$,此时可根据各分层的不同情况,分别按式(3-39)、式(3-41)、式(3-43)计算其沉降量,最后叠加即可。超固结土的沉降计算图式可参照图 3-22。

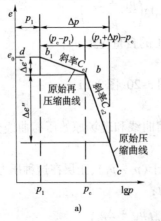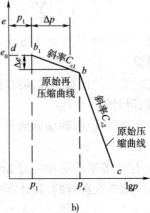

图 3-22 超固结土的压缩过程

例3-4 某建筑场地有一厚度为2m的超固结黏土层,经室内压缩试验测得其先期固结压力为 $p_c = 300\text{kPa}$。该土层平均铅直向自重应力为100kPa,建筑荷载在该层产生的平均铅直向附加应力为100kPa。工程勘察报告还提供黏土层的压缩指数 $C_{c1} = 0.1$, $C_{c2} = 0.4$,初始孔隙比 $e_0 = 0.7$。要求:

(1)计算黏土层的变形量。

(2)若平均附加应力增至200kPa,计算黏土层的变形量。

(3)若黏土层的平均附加应力增至300kPa,计算该土层的变形量。

解 (1)自重应力100kPa,附加应力100kPa, $p_1 + \Delta p = 100 + 100 = 200\text{kPa}$。

$$p_1 + \Delta p < p_c = 300\text{kPa}$$

按式(3-39)计算:

$$S = \frac{h}{1 + e_0} C_{c1} \lg \left(\frac{p_1 + \Delta p}{p_1} \right) = \frac{200 \times 0.1}{1 + 0.7} \lg \frac{100 + 100}{100} = 3.5\text{cm}$$

(2)自重应力100kPa,附加应力200kPa, $p_1 + \Delta p = 100 + 200 = 300\text{kPa}$。

$$p_1 + \Delta p = p_c = 300\text{kPa}$$

按式(3-41)计算:

$$S = \frac{h}{1 + e_0} C_{ci} \lg \frac{p_c}{p_1} = \frac{200 \times 0.1}{1 + 0.7} \lg \frac{300}{100} = 5.6\text{cm}$$

(3)自重应力为100kPa,附加应力300kPa, $p_1 + \Delta p = 100 + 300 = 400\text{kPa}$。

$$p_1 + \Delta p > p_c = 300\text{kPa}$$

按式(3-43)计算:

$$S = \frac{h}{1 + e_0} \left[C_{c1} \lg \frac{p_c}{p_1} + C_{c2} \lg \left(\frac{p_1 + \Delta p}{p_c} \right) \right]$$

$$= \frac{200}{1 + 0.7} \left[0.1 \lg \frac{300}{100} + 0.4 \lg \left(\frac{100 + 300}{300} \right) \right] = 11.5\text{cm}$$

◆ 请练习[思考题 **3-11 ~ 3-14**]

第三节 土的渗透性与渗透变形

一、土的渗透性

土体属于多孔介质,土孔隙中的水在有水头差作用时,便会发生流动。如图3-23所示的水闸,上下游水位不同时,上游的水就在水头差作用下,通过地基土的孔隙而流向下游。又如在水位较高的建筑场地开挖基坑,地下水在水头差作用下,也会发生这种现象。在水头差的作用下,水透过土中孔隙流动的现象称为渗透或渗流。而土能被水透过的性能称为土的渗透性。

二、达西定律

工程中常见的土(黏性土、粉土及砂土)孔隙较小,因而水在其中流动时,流速一般均很小,其渗流多属层流(流速很大的水流属紊流)。通过图3-24所示的试验装置研究砂土的渗透性,可以得到如下的关系式:

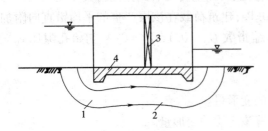

图 3-23 渗透示意图

1-透水地基;2-渗透水流线;3-闸门;4-闸底板

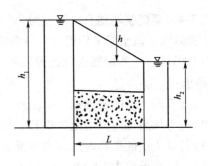

图 3-24 渗透试验示意图

$$v = ki = k\frac{h}{L} \tag{3-45}$$

或:

$$v = \frac{Q}{At} \tag{3-46}$$

式中:v——渗透速度(cm/s);

Q——渗透水量(cm^3);

i——水力梯度或称水力坡降,$i = \dfrac{h}{L}$;

h——水头差(cm);

L——渗透路径长度(cm);

A——试样截面积(cm^2);

t——渗流时间(s);

k——渗透系数,即水力梯度为 1 时的渗透速度(cm/s)。

式(3-45)称为渗透定律,表明水在土中的渗透速度与水力梯度成正比例关系。这一定律是达西(H. Darcy)首先提出的,故又称达西定律。

砂土的渗透速度与水力梯度间的关系线,是通过坐标原点的直线,如图 3-25 所示。

国内外研究者曾认为:密实黏土中孔隙全部或大部分充满薄膜水时,黏土渗透性就具有特殊的性能。对于砂性较重及密实度较低的黏土,其渗透规律与达西定律相符,如图 3-26 中通过坐标原点的直线 a 所示。至于密实黏土,由于受薄膜水的阻碍,其渗透规律与达西定律不符,如图 3-26 中的曲线 b 所示。当水力梯度较小时,渗透速度与水力梯度不成线性关系,甚至不发生渗流。只有当水力梯度达到一定值时,克服了薄膜水的阻力后,水才开始流动。通常将曲线 b 简化为直线 c,也称为黏土的起始水力梯度。在实际渗流时,只有水力梯度大于起始水力梯度时,水才能通过土体的孔隙流动。

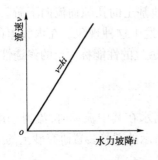

图 3-25 砂土的 v-i 关系曲线

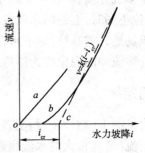

图 3-26 黏性土的 v-i 关系曲线

近年来的研究结果倾向于黏土中不存在起始水力梯度。因而在后面的章节中研究土中各种 渗流理论仍采用式(3-45)。

对于粗颗粒土(如砾石、卵石等)中的渗流,只有在水力梯度很小、流速不大时才属层流,遵从达西定律;否则,属紊流,渗透流速与水力梯度之间不再是直线关系,如图 3-27 所示。由层流变为紊流的临界流速 v_{cr} 为 0.3~0.5cm/s。还应指出:水在土中渗透,并不是通过土体的整个截面,仅是通过土粒间的孔隙,所以达西定律中的渗透速度只是假想的平均速度。因此,水在土中的实际平均流速要比达西定律求得的值大得多。它们之间的大致关系为:

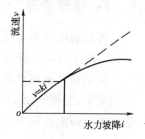

图 3-27　砾石的 v-i 关系曲线

$$v' = \frac{1+e}{e}v = \frac{v}{n} \tag{3-47}$$

式中:v——达西定律求得的平均渗透速度;

　　　v'——实际平均渗透速度;

　　e、n——分别为土的孔隙比、孔隙率。

式(3-47)的所谓平均流速仍不是土体孔隙中的真正平均流速,因为土的孔隙通道并非直道,而是弯弯曲曲不规则的曲道。由于土中孔隙的大小和形状极为复杂,尚难确定通过孔隙的真正流速,所以在工程中都采用达西定律计算的平均流速。

三、渗透力

水在土的孔隙中流动时,将会产生水头损失。而这种水头损失是因为水在土的孔隙中流动时,作用在土粒上的拖曳力而引起的,由渗透水流作用于单位土体内土粒上的拖曳力称为渗流力。

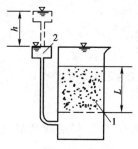

图 3-28　流土试验示意图

1-圆桶容器;2-供水容器

下面通过试验观察水在土体孔隙中流动时的一些现象。图 3-28 中圆筒容器 1 中装有均匀的砂土,厚度为 L,容器底部由管子与供水容器 2 相通,当两个容器的水面保持齐平时,无渗流发生;若容器 2 逐渐提升,由于水头差 h 逐渐增大,容器 2 内的水便从底部透过砂层从容器 1 的顶部边缘不断溢出;当水头差 h 达到某一高度时,便会发现砂土表面出现类似沸腾的现象,这种现象称为流土。

上述现象说明水在土的孔隙中流动时,确有沿水流方向的渗流力存在。

如图 3-28 所示,设试样截面积为 A,渗透进口(试样底面)与出口(试样顶面)的水头差为 h,说明水流在流经试样长度 L 过程中,土粒对水流的阻力所引起的水头损失为 h。土粒对水流的阻力为:

$$F = \gamma_w hA \tag{3-48}$$

根据力的平衡条件,渗透作用于试样上的总渗流力 J 应和试样中土粒对水流的阻力 F 大小相等,方向相反,即:

$$J = F = \gamma_w hA \tag{3-49}$$

渗流作用于单位土体的力为:

$$j = \frac{J}{AL} = \frac{\gamma_w hA}{AL} = \gamma_w i \tag{3-50}$$

渗流力 j 的作用方向与渗流方向一致,大小与水力梯度 i 成正比,j 是体积力,单位为 kN/m^3。

四、渗透变形

大量的研究和实践均表明,渗透失稳可分为流土与管涌两种基本类型。

1. 流土及临界梯度

流土通常指在渗流作用下,黏性土或无黏性土体中某一范围内的颗粒或颗粒群同时发生移动的现象,如图 3-29a)所示。流土发生在水流出溢口处,不发生在土体内部。在开挖基坑时常遇到的所谓流沙现象均属流土的类型。

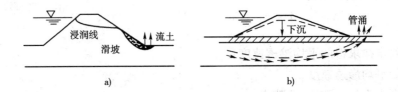

图 3-29 渗透变形示意图

流土的临界梯度 i_{cr} 为濒临发生流土的水力梯度。根据力的平衡关系通过计算得:

$$j = i_{cr}\gamma_w = \gamma'$$

$$i_{cr} = \frac{\gamma_w}{\dfrac{\gamma'}{\gamma_w}} = \frac{\gamma_{sat} - \gamma_w}{\gamma_w} = \frac{d_s - 1}{1 + e} \tag{3-51}$$

式中:d_s——土粒相对密度;

e——土的孔隙比;

γ_{sat}——土的饱和重度;

γ_w——水的重度。

防止发生流土的允许水力梯度为 $[i] = \dfrac{i_{cr}}{F_s}$,$F_s$ 为安全系数,一般取 $2.0 \sim 2.5$。

2. 管涌及临界梯度

管涌是指在渗流力作用下,无黏性土中的细小颗粒通过粗大颗粒的孔隙,发生移动或被水流带出的现象,在水流出溢口或土体内部均有可能发生,见图 3-29b)。

由于黏性土土粒间具有黏聚力,颗粒连接较紧,不易发生管涌。

产生管涌的条件比较复杂,我国科学家在总结前人经验的基础上,经过研究,得出了发生管涌的临界梯度 i_{cr} 的简化经验公式:

$$i_{cr} = \frac{d}{\sqrt{\dfrac{k}{n^3}}} \tag{3-52}$$

式中:d——被冲动的细粒粒径(cm);

k——土的渗透系数(cm/s);

n——土的孔隙率。

防止发生管涌的允许水力梯度为 $[i] = \dfrac{i_{cr}}{F_s}$,$F_s$ 为安全系数,一般取 $1.5 \sim 2.0$。

第四节　饱和黏性土的单向渗透固结理论

前面研究了地基最终变形的计算理论和方法,由于土体在压力作用下要经历一定的时间才能完成全部压缩变形而达到基本稳定,因此本节主要讨论变形与时间的关系,并介绍其计算方法。

一、有效应力原理

前面在介绍土体的自重应力时,只考虑了土中某单位面积上的平均应力。实际上,饱和土是由土颗粒和孔隙水组成的两相体,如图3-30a)所示。当荷载作用于饱和土体时,这些荷载是由土颗粒和孔隙水共同承担的。通过土粒接触点传递的粒间应力称为有效应力,通过孔隙水传递的应力为静孔隙水压力,习惯上称孔隙水压力。

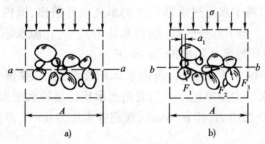

图3-30　土体截面上力的传递示意图

取饱和土单元体中任一水平断面,如图3-30b)所示。横截面面积为A,应力σ等于该单元体以上土、水自重或外荷,通常把这个应力称为总应力。在b—b截面上,作用在孔隙面积上的孔隙水压力为u,作用在各个颗粒接触面上的各力分别为F_1、F_2、$\cdots$,相应各接触面积为A_1、A_2、$\cdots$,各力的铅直向分量之和$\Sigma F_{vi} = F_{v1} + F_{v2}\cdots$,可得平衡方程式如下:

$$\sigma = \frac{\sum F_{vi}}{A} + \frac{\left(A - \sum A_i\right) u}{A}$$

或

$$\sigma = \sigma' + \left(1 - \frac{\sum A_i}{A}\right) u \tag{3-53}$$

ΣA_i为所求平面内颗粒的接触面积,试验表明,颗粒间接触面积甚微,可以忽略不计,于是式(3-53)可简化为:

$$\sigma = \sigma' + u \tag{3-54}$$

或

$$\sigma' = \sigma - u \tag{3-55}$$

由此得出结论:饱和土中任意点的总应力σ总是等于有效应力σ'与孔隙水压力u之和,这就是著名的有效应力原理,是由太沙基(K. Terzaghi)于1925年首先提出的。

二、太沙基渗压模型

太沙基为研究土的固结问题提出了一维渗压模型来模拟现场土层中一点的固结过程,如图3-31所示。它由圆筒、开孔的活塞板、弹簧及筒中充满的水组成。活塞板上的小孔模拟土的孔隙,弹簧模拟土的颗粒骨架,筒中水模拟孔隙中的水。把土颗粒承担的应力称为有效应力,用σ'

表示;由外荷在孔隙水中引起的压力称为超静水压力,用 u 表示。

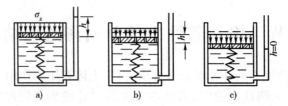

图 3-31　太沙基饱和土一维(单向)渗压模型

当活塞板上没有外荷载作用时,测压管中的水位与圆筒中的静水位齐平,没有超静水压力,筒中水不会通过活塞板上小孔流出,说明土中未出现渗流。而当活塞板上作用一压力 σ 时,在荷载作用的瞬时,筒中水来不及排出,弹簧无变形,说明弹簧没受力,那么外荷产生的压力只能由孔隙水承担,超静水压力 $u = \sigma$,测压管中的水位升高,升高水头为:

$$h = \frac{u}{\gamma_w} \tag{3-56}$$

在超静水压力作用下,筒中水通过活塞板上的小孔向外挤出,筒内水的体积减小,活塞随之下沉,继而弹簧发生变形,承担了部分外荷,超静水压力减小,孔隙水不再承担全部应力。此时,应力由弹簧(颗粒骨架)和孔隙水共同承担,$\sigma = \sigma' + u$。

随着时间的增长,筒中的水不断挤出,筒内水体积逐渐减小,弹簧变形增大,承担更多的外荷,而孔隙水承担的超静水压力越来越小。当筒内水承担的超静水压力消散为零时,活塞停止下沉,弹簧(颗粒骨架)承担全部应力,即 $\sigma = \sigma'$,而超静水压力 $u = 0$,渗流过程终止。这一过程即为固结过程。

由上述分析可知,土层的排水固结过程是土中孔隙水压力消散、有效应力增长的过程,即两种应力的相互转换过程,这个过程可表述如下。

荷载施加瞬间:$t = 0$,$u = \sigma$,$\sigma' = 0$。

渗流过程中:$0 < t < \infty$,$u \neq 0$,$\sigma' \neq 0$。

渗流终止时:$t = \infty$,$u = 0$,$\sigma' = \sigma$。

三、土层固结过程中的应力转换

上述渗压模型,说明了土中一点的应力随时间的转化过程。现用图 3-32 所示的多层渗压模型研究饱和土层固结过程中的应力变化规律。图 3-32a)为饱和黏土层在均布荷载 p 作用下的固结情况;图 3-32b)为相应情况的多层渗压模型。该模型由多层开孔的活塞板、弹簧和容器中的水组成。模型的各层分别表示不同的土层;弹簧仍然模拟土骨架;筒中水模拟土层中的孔隙水;活塞板上的小孔模拟土层中的孔隙;模型不同深度处的测压管中水位变化情况可以反映土层在固结过程中超静水压力的变化过程。

荷载施加之前,测压管中的水位相同,且与筒中的静水位齐平,说明水中的超静水压力为零,没有渗流发生。在施加荷载瞬间,即 $t = 0$ 时,筒中水来不及排出,活塞板没有产生下沉,弹簧不会发生变形,因此弹簧没有受力,外荷全部由孔隙水承担。各测压管中的水位都升高了 $h_0 = p/\gamma_w$,表明在土层任何深度处,超静水压力相同,即:

$$u_1 = u_2 = u_3 = u_4 = p = \sigma$$

而有效应力:
$$\sigma'_1 = \sigma'_2 = \sigma'_3 = \sigma'_4 = 0$$

在超静水压力 u 作用下,模型筒内的水将随时间由下向上通过活塞板上的小孔逐渐排出,各

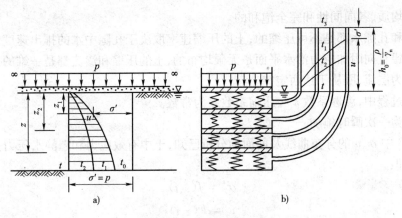

图 3-32 土层固结的渗压模型

测压管中的水位也随之下降。上层水由于渗径短,易排出,所以超静水压力下降比较快;下层土渗径长,超静水压力下降较慢,因此,下层土的测压管水位上升高度较上层大。若将同一时间各测压管中的水面连接起来,可得到图 3-32b) 所示的曲线。在孔隙水排出的同时,弹簧按各层排出水量的多少产生相应的变形,并承担部分荷载,各点均满足 $\sigma' + u = p = \sigma$ 的条件。这个过程说明了土层的固结过程是孔隙水压力向颗粒转移变成有效应力的过程。

随时间延长,孔隙水排出,孔隙水压力逐渐减小,测压管水位降低,最终又恢复到与静水位齐平。此时,渗流终止,弹簧支撑的活塞板不再下沉,弹簧承担了全部应力,超静水压力消散为零,即超静水压力完全转换给了颗粒,变成了有效应力,即:

$$u_1 = u_2 = u_3 = u_4 = 0$$

$$\sigma'_1 = \sigma'_2 = \sigma'_3 = \sigma'_4 = p = \sigma$$

四、饱和土的单向渗透固结理论

通过上述分析已了解到地基的变形是随时间 t 而增长的,要确定饱和黏性土层在渗透固结过程中任意时间的变形,通常采用太沙基提出的一维(单向)渗透固结理论进行计算。该理论对无限大均布荷载作用、孔隙水主要沿铅直向渗流是适用的。

图 3-33 所示的土层情况属单向渗透固结,图中表示厚度为 H 的饱和黏土层的顶面是透水的,而底面是不透水的不可压缩层。该饱和黏土层在自重作用下已压缩稳定,属正常固结土,在透水面上一次施加的连续均布荷载 p_0 引起土层固结。单向渗透固结理论的假定条件为:

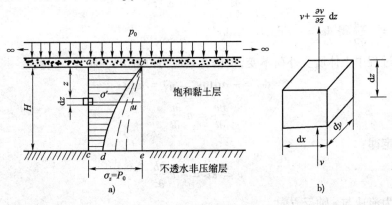

图 3-33 饱和黏性土的固结过程

（1）土是均质、各向同性和完全饱和的。

（2）土粒和孔隙水都是不可压缩的；土的压缩速率取决于孔隙中水的排出速度。

（3）土中铅直向附加应力沿水平面是无限均布的，土的压缩和渗流都是一维的。

（4）渗流为层流，服从于达西定律。

（5）固结过程中，渗透系数 k 与压缩系数 a 为常数。

（6）荷载为一次瞬时施加。

由图 3-33 中 σ、u 的分布曲线及前面的分析已知，土中有效应力和超静水压力是深度 z 和时间 t 的函数，即：

$$\sigma' = f(z,t) \tag{3-57}$$

$$u = F(z,t) \tag{3-58}$$

当 $t = 0$ 时（加荷瞬时），图 3-33 中 bd 与 ac 线重合，$\sigma' = f(z,t) = 0$ 及 $u = F(z,t) = \sigma_z$，即全部附加应力都由孔隙水承担；当 $t = \infty$ 时，bd 线与 be 线重合，$\sigma' = f(z,t) = \sigma_z$ 及 $u = F(z,t) = 0$，即全部附加应力都由土骨架承担。

在饱和土层顶面下 z 深度处取一微分体，如图 3-33b）所示，微分体的体积 $V = \mathrm{d}x\mathrm{d}y\mathrm{d}z$，微分体孔隙体积为 $V_\mathrm{v} = \dfrac{e}{1+e}\mathrm{d}x\mathrm{d}y\mathrm{d}z$，微分体土颗粒体积为 $V_\mathrm{s} = \dfrac{1}{1+e}\mathrm{d}x\mathrm{d}y\mathrm{d}z$，$V_\mathrm{s}$ 在固结过程中保持不变。

在某一时刻，单元体底面和顶面的渗流速度分别为 v 和 $v + \dfrac{\partial v}{\partial z}\mathrm{d}z$，则在 $\mathrm{d}t$ 时间内，微分体水量变化为：

$$\left[v - \left(v + \frac{\partial v}{\partial z}\mathrm{d}z\right)\right]\mathrm{d}x\mathrm{d}y\mathrm{d}t = -\frac{\partial v}{\partial z}\mathrm{d}x\mathrm{d}y\mathrm{d}z\mathrm{d}t \tag{3-59}$$

在 $\mathrm{d}t$ 时间内单元体体积变化量为：

$$\frac{\partial V}{\partial t}\mathrm{d}t = \frac{\partial(V_\mathrm{s} + V_\mathrm{v})}{\partial t}\mathrm{d}t = \frac{\partial V_\mathrm{v}}{\partial t}\mathrm{d}t = \frac{\partial\left(\dfrac{e}{1+e}\mathrm{d}x\mathrm{d}y\mathrm{d}z\right)}{\partial t}\mathrm{d}t = \frac{1}{1+e}\mathrm{d}x\mathrm{d}y\mathrm{d}z\,\frac{\partial e}{\partial t}\mathrm{d}t \tag{3-60}$$

根据渗流连续条件，在相同时间段内，孔隙水量的变化与体积变化是相同的，因此，式（3-59）与式（3-60）相等：

$$\frac{\partial v}{\partial z} = -\frac{1}{1+e}\frac{\partial e}{\partial t} \tag{3-61}$$

由压缩系数 $a = -\dfrac{\mathrm{d}e}{\mathrm{d}p}$ 得 $\mathrm{d}e = -a\mathrm{d}p = -a\mathrm{d}\sigma'$。

若在固结过程中土体所受外荷不变，根据有效应力原理 $\sigma' + u = \sigma_z$ 得：

$$\mathrm{d}e = -a\mathrm{d}(\sigma_z - u) = a\mathrm{d}u \tag{3-62}$$

$$\frac{\partial e}{\partial t} = a\frac{\partial u}{\partial t} \tag{3-63}$$

根据达西定律：

$$v = ki = -k\frac{\partial h}{\partial z} \tag{3-64}$$

式中负号是因为流速与 z 轴反方向。

因为 $h = u/\gamma_\mathrm{w}$，故：

$$v = -\frac{k}{\gamma_\text{w}}\frac{\partial u}{\partial z} \tag{3-65}$$

或

$$\frac{\partial v}{\partial z} = -\frac{k}{\gamma_\text{w}}\frac{\partial^2 u}{\partial z^2} \tag{3-66}$$

将式(3-63)、式(3-66)代入式(3-61)可得:

$$-\frac{k}{\gamma_\text{w}}\frac{\partial^2 u}{\partial z^2} = -\frac{a}{1+e}\frac{\partial u}{\partial t} \tag{3-67}$$

或

$$\frac{\partial u}{\partial t} = \frac{k(1+e)}{a\gamma_\text{w}}\frac{\partial^2 u}{\partial z^2} \tag{3-68}$$

则得:

$$\frac{\partial u}{\partial t} = C_\text{v}\frac{\partial^2 u}{\partial z^2} \tag{3-69}$$

式中:C_v——土的铅直向固结系数(m^2/年),$C_\text{v} = \dfrac{k(1+e)}{a\gamma_\text{w}}$。

式(3-69)为饱和黏性土单向渗透固结微分方程。

根据图 3-33 所示的开始固结时的附加应力分布情况,即初始条件;土层顶面、底面的排水条件,即边界条件。

当 $t=0$ 和 $0 \leqslant z \leqslant H$ 时,$u = p_0$。

当 $0 < t < \infty$ 和 $z=0$ 时,$u=0$。

当 $0 < t < \infty$ 和 $z=H$ 时,$\dfrac{\partial u}{\partial z} = 0$,在不透水层顶面,超静水压力的变化率为零。

当 $t = \infty$ 和 $0 \leqslant z \leqslant H$ 时,$u=0$。

利用分离变量法求得式(3-69)的特解如下:

$$u_{z,t} = \frac{4}{\pi}p_0\sum_{m=1}^{\infty}\frac{1}{m}\sin\frac{m\pi z}{2H}\exp\left(-\frac{m^2\pi^2}{4}T_\text{v}\right) \tag{3-70}$$

式中:$u_{z,t}$——某一时刻,深度 z 处的超静水压力(kPa);

m——正整奇数(1、3、5、…);

T_v——时间因数,$T_\text{v} = \dfrac{C_\text{v}t}{H^2}$,无量纲;

H——土层最远排水距离,m;单面排水时,取土层厚度;双面排水时土层中心点排水距离最远,故取土层厚度之半,即 $H/2$。

有了孔隙水压力随时间 t 和深度 z 变化的函数解,据此可以求得基础在任一时间的沉降量。此时,通常用到地基的固结度这一指标,地基的固结度是指地基固结的程度。它是地基在一定压力下,经某段时间产生的变形量 S_t 与地基最终变形量 S 的比值。其表达式为:

$$U = \frac{S_\text{t}}{S} \text{ 或 } S_\text{t} = US \tag{3-71}$$

式中:S_t——地基在某一时刻 t 的变形量;

S——地基最终变形量。

地基最终变形量 S 的计算已在前文中论述。经过时间 t 产生的变形量 S_t 取决于地基中的有效应力 σ'_t,所以:

$$S_\text{t} = \frac{a}{1+e}\int_0^H\sigma'_\text{t}\text{d}z = \frac{a}{1+e}\int_0^H(\sigma_z - u_{z,t})\text{d}z = \frac{a}{1+e}\left(\sigma_z H - \int_0^H u_{z,t}\text{d}z\right) \tag{3-72}$$

式中：$u_{z,t}$——深度 z 处某一时刻的超静水压力；

σ_z——深度 z 处的附加应力。

在连续均布荷载 p_0 作用下，$\sigma_z = p_0$。当 $\dfrac{a}{1+e}$ 为常量时，经过时间 t 的固结度为：

$$U_t = \frac{S_t}{S} = \frac{p_0 H - \int_0^H u_{z,t}\mathrm{d}z}{p_0 H} = 1 - \frac{\int_0^H u_{z,t}\mathrm{d}z}{p_0 H} \tag{3-73}$$

将式(3-70)代入式(3-73)可得：

$$U_t = 1 - \frac{8}{\pi^2} \sum_{m=1}^{\infty} \frac{1}{m^2} \exp\left(-\frac{m^2 \pi^2}{4} T_v\right) \tag{3-74}$$

或

$$U_t = 1 - \frac{8}{\pi^2}\left[\exp\left(-\frac{\pi^2}{4}T_v\right) + \frac{1}{9}\exp\left(-\frac{9\pi^2}{4}T_v\right) + \cdots\right] \tag{3-75}$$

上式中括号内的级数收敛很快，当 $U_t > 30\%$ 时，可近似取第一项可满足要求，即：

$$U_t = 1 - \frac{8}{\pi^2}\exp\left(-\frac{\pi^2}{4}T_v\right) \tag{3-76}$$

由此可见，固结度 U_t 仅为时间因数 T_v 的函数，即：

$$U_t = f(T_v) \tag{3-77}$$

由时间因数 T_v 和 C_v 的定义可知，只要土的物理力学性质指标 k、a、e 和土层厚度 H 为已知，U_t-t 的关系就可求得。

地基固结度基本表达式中的 U_t 值视地基产生固结情况不同而有所区别。因而式(3-77)所示关系也随之而变。所谓"情况"，是指地基所受压缩应力分布和排水条件两个方面。图 3-33 所示的地基中压缩应力沿深度没有变化，而且只有一面排水，这种情况称为情况 0。

原则上，可根据其他固结情况下具体初始和边界条件，对方程式(3-69)求解。例如，当压缩应力随深度呈三角形分布时，称为情况 1，其初始条件为：当 $t = 0$ 时，$0 \leqslant z \leqslant H$，$u = \dfrac{\sigma_{z1} z}{H}$，可求得：

$$U_{t1} = 1 - \frac{32}{\pi^3} \sum_{m=1}^{\infty} \frac{(-1)^{m-1}}{(2m-1)^3} \exp\left[-(2m-1)^2 \frac{\pi^2}{4} T_v\right] \tag{3-78}$$

上式级数收敛得更快，实际上一般也可只取级数的第一项，即得：

$$U_{t1} = 1 - \frac{32}{\pi^3}\exp\left(-\frac{\pi^2}{4}T_v\right) \tag{3-79}$$

因为渗透系数 k 与压缩系数 a 均假设为常数，在某种分布图形的压缩应力作用下，任一历时均质土层的变形，相当于该应力分布图形各组成部分在同一历时所引起的变形的代数和，即在固结过程中的有效应力或孔隙水压力分布图形可用叠加原理确定。例如，当压缩应力随深度呈倒三角形分布时，称为情况 2，其任一历时所产生的变形量 S_{t2}，应等于情况 0 和情况 1 在相同历时所产生的变形量之差，即

$$S_{t2} = S_{t0} - S_{t1}$$

$$U_{t2} S_2 = U_{t0} S_0 - U_{t1} S_1$$

$$U_{t2} \frac{\sigma_z H}{2E_s} = U_{t0} \frac{\sigma_z H}{E_s} - U_{t1} \frac{\sigma_z H}{2E_s}$$

于是可得：

$$U_{t2} = 2U_{t0} - U_{t1} \tag{3-80}$$

同理,情况 3 和情况 4 的土层固结度,均可利用情况 0 和情况 1 的固结度来表示:

$$U_t = \frac{2\alpha U_{t0} + (1 - \alpha)U_{t1}}{1 + \alpha} \tag{3-81}$$

式中,$\alpha = \dfrac{\sigma_{z0}}{\sigma_{z1}} = \dfrac{透水面的压缩应力(附加应力)}{不透水面的压缩应力(附加应力)}$。

以上推导了适用于饱和黏性土中附加应力为不同分布情况下的固结度 U_t 与时间因数 T_v 的关系。为便于应用,现将几组 U_t-T_v 关系曲线绘于图 3-34 中。

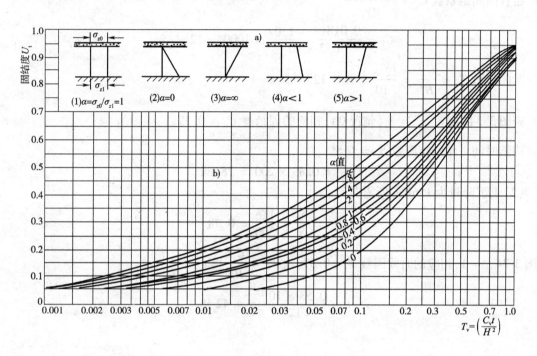

图 3-34　U_t-T_v 关系曲线

从图中可看出,在不同情况下的 α 值如下。

情况 0:$\alpha = 1$(如前所述)。

情况 1:$\alpha = 0$,相当于大面积新填土,自重应力引起的固结。

情况 2:$\alpha = \infty$,相当于土层很厚,基底面积很小的情况。

情况 3:$0 < \alpha < 1$,相当于自重应力作用下,土层尚未固结完毕,又在地面上施加荷载(如建房、筑路等)。

情况 4:$1 < \alpha < \infty$,与情况 2 相近,只是在不透水层面的附加应力大于零。

以上均为单面排水情况。如固结土层上下面均有排水砂层,即属双面排水,其固结度均按情况 0 计算。但应注意:时间因数 $T_v = \dfrac{C_v t}{H^2}$ 中的 H 应以土层厚度的一半即 $H/2$ 代替。

例 3-5　某饱和黏土层厚度为 10m,在连续均布荷载 $p_0 = 120$kPa 作用下固结。土层的初始孔隙比 $e_0 = 1.0$,压缩系数 $a = 0.3$MPa^{-1},压缩模量 $E_s = 6.0$MPa,渗透系数 $k = 0.018$m/年,土层单面排水,分别计算:

(1)加荷一年时的沉降量;

(2)沉降量为 156mm 所需要的时间。

解 (1)求 $t=1$ 年的沉降量

附加应力沿深度均匀分布 $\sigma_z = p_0 = 120\text{kPa}$。

黏土层的最终沉降量为 $S = \dfrac{\sigma_z}{E_s}H$。

$$S = \frac{120}{6000} \times 10 = 0.2\text{m} = 200\text{mm}$$

铅直向固结系数 $C_v = \dfrac{k(1+e)}{a\gamma_w}$。

$$C_v = \frac{0.018(1+1.0)}{0.3 \times 10} \times 1000 = 12\text{m}^2/\text{年}$$

时间因数 $T_v = \dfrac{C_v t}{H^2} = \dfrac{12 \times 1}{10^2} = 0.12$。

查图 3-34，$\alpha = \dfrac{\sigma_{z0}}{\sigma_{z1}} = 1$（情况 0），相应的固结度 $U_t = 0.39$。

固结时间 1 年的沉降量 $S_t = U_t S$。

$$S_t = 0.39 \times 200 = 78\text{mm}$$

(2)求沉降量为 156mm 所需时间

$$U_t = \frac{S_t}{S} = \frac{156}{200} = 0.78$$

查图 3-34，$\alpha = 1$，相应的时间因数 $T_v = 0.53$，由 $T_v = \dfrac{C_v t}{H^2}$ 得 $t = \dfrac{T_v H^2}{C_v}$。

$$t = \frac{0.53 \times 10^2}{12} = 4.42 \text{ 年}$$

第五节　建筑物沉降观测与地基变形容许值

建筑物的荷载作用在地基上将产生附加应力，致使土体产生变形，引起基础沉降。如沉降较小，不会影响建筑物的正常使用，也不会引起建筑物的开裂或破坏，这是容许的；相反，则会引起建筑物的开裂、倾斜甚至破坏，或影响建筑物的正常使用，这是地基设计必须予以充分考虑的问题。

但是，在地基设计中所用到的地基变形量往往是通过理论计算得到的数值，尽管在使用时进行了经验修正，但仍与实际的地基变形情况有所差异。因此，对某些建筑物必须进行系统的沉降观测，并规定相应的地基变形容许值，以确保建筑物的正常使用。

一、建筑物的沉降观测

建筑物的沉降观测能反映地基变形的实际情况以及地基变形对建筑物的影响程度。因此，系统的沉降观测资料是验证地基基础设计是否正确，分析地基事故以及判别施工质量的重要依据，也是确定建筑物地基的容许变形值的重要资料。此外，通过对沉降计算值与实际观测值的对比，还可以了解现行沉降计算方法的准确性，以便改选或发展更符合实际的沉降计算方法。

对高层建筑物,重要的、新型的或有代表性的建筑物,形式特殊或构造上、使用上对不均匀沉降有严格限制的建筑物,大型高炉、平炉、大型筒式钢制油罐以及软弱地基或基础下有古河道、池塘、暗浜的建筑物,需进行系统的沉降观测。

通常水准基点的设置以保证其稳定可靠为原则,并不少于两个,宜设置在坚实的土层上,离观测的建筑物 30~80m 的范围之内妥加保护,使水准基点不受外界影响与损害。在一个观测区内,水准基点不应少于三个。观测点的布置应能全面反映建筑物基础的沉降,并根据建筑物的规模、形式和结构特征以及建筑场地的工程地质和水文地质条件等确定,要求便于施测和不易遭到损坏。观测点宜设在下列各处:

(1)建筑物的四周角点、中点和转角处。沿建筑物周边每隔 10~20m 可设一点。

(2)沉降缝的两侧,新建与原有建筑物连接处的两侧和伸缩缝的任一侧。

(3)宽度大于 15m 的建筑物内部承重墙(柱)上,同时宜设在纵横轴线上。

(4)重型设备基础和动力基础的四角。

(5)有相邻荷载影响处。

(6)受振源振动影响的区域。

(7)基础下有暗浜等处。

(8)框架结构的每个或部分柱基上。

(9)沿阀片或箱形基础的周边和纵横轴线上。

(10)筒式钢制油罐基础沿周边每隔 10m 设一点,并均匀对称布置。

为取得较完整的资料,要求在灌筑基础时开始施测,施工期的观测可根据施工进度确定,如民用建筑每加高一层应观测一次;工业建筑物在不同荷载阶段分别进行观测。竣工后,前三个月每月测一次,以后根据沉降速率每 2~6 个月测一次,至沉降稳定为止。沉降稳定标准可采用半年沉降量不超过 2mm。遇地下水位升降、打桩、地震、洪水淹没现场等情况,应及时观测。当建筑物出现突然严重裂缝或大量沉降时,应连续观测建筑物的沉降量。

◆ **请练习**[思考题 3-15]

二、地基变形特征

为了保证建筑物的正常使用,必须使地基变形值不大于地基变形容许值。在地基基础设计中,一般针对各类建筑物的结构特点、整体刚度及使用要求的不同,计算地基变形的某一特征,验算其是否超过相应的容许值。

地基变形容许值的确定涉及的因素很多,它除了要考虑各类建筑物对地基不均匀沉降反应的敏感性及结构强度储备等有关情况外,还与建筑物的具体使用要求有关。《规范》根据建筑物的类型、变形特征,将地基变形容许值规定如表 3-10 所示。

地基变形容许值按变形特征分为:

(1)沉降量——指基础中心点的沉降量。

(2)沉降差——指相邻单独基础沉降量的差值。

(3)倾斜——指单独基础倾斜方向两端点的沉降差与其距离的比值,如图 3-35 所示,倾斜 $\tan\theta = (S_2 - S_1)/b$。

(4)局部倾斜——指砌体承重结构沿纵墙 6~10m 之内基础两点的沉降差与其距离的比值,如图 3-36 所示,砌体基础的局部倾斜 $\delta = (S_2 - S_1)/L$。

建筑物的地基变形容许值　　　　　　　　　　　　　　　　　表 3-10

变 形 特 征		地 基 土 类 别	
		中、低压缩性土	高压缩性土
砌体承重结构基础的局部倾斜		0.002	0.003
工业与民用建筑相邻柱基的沉降差	（1）框架结构	$0.002l$	$0.003l$
	（2）砖石墙填充的边排柱	$0.0007l$	$0.001l$
	（3）当基础不均匀沉降时不产生附加应力的结构	$0.005l$	$0.005l$
单层排架结构（柱距为6m）柱基的沉降量（mm）		（120）	200
桥式吊车轨面的倾斜（按不调整轨道考虑）	纵向	0.004	
	横向	0.003	
多层和高层建筑基础的倾斜	$H_g \leqslant 24$	0.004	
	$24 < H_g \leqslant 60$	0.003	
	$60 < H_g \leqslant 100$	0.0025	
	$H_g > 100$	0.002	
体形简单的高层建筑基础的平均沉降量（mm）		200	
高耸结构基础的倾斜	$H_g \leqslant 20$	0.008	
	$20 < H_g \leqslant 50$	0.006	
	$50 < H_g \leqslant 100$	0.005	
	$100 < H_g \leqslant 150$	0.004	
	$150 < H_g \leqslant 200$	0.003	
	$200 < H_g \leqslant 250$	0.002	

注:1.本表数值为建筑物地基实际最终变形允许值。

2.有括号者仅适用于中压缩性土。

3.l 为相邻基中心距离（mm），H_g 为自室外地面起算的建筑物高度（m）。

4.倾斜指基础倾斜方向向两端点的沉降差与其距离的比值。

5.局部倾斜指砌体承重结构沿纵向 6~10m 内基础两点的沉降差与其距离的比值。

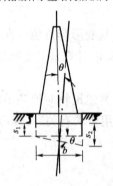

图 3-35　高耸构筑物基础的倾斜

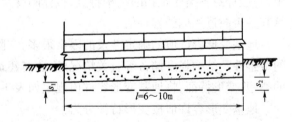

图 3-36　砌体承重结构基础的局部倾斜

　　实践证明,由于地基不均匀、荷载差异很大或体形复杂等因素引起的地基变形,对砌体承重结构基础应由局部倾斜控制;对框架结构和单层排架基础应由相邻两柱基的沉降差控制;对多层或高层建筑结构基础和高耸结构基础应由倾斜值控制。

本章小结

1. 最终沉降量的计算

（1）土的压缩性指标——压缩系数、压缩模量、压缩指数等。

（2）最终沉降量的计算方法：

①概念清晰的分层总和法。

②能充分考虑应力历史对土的变形影响的 $e\text{-}\lg p$ 曲线法。

③简便实用、计算结果更接近实际的规范法。

2. 土的渗透性与渗透变形

（1）土的渗透性：在水头差的作用下，水透过土孔隙流动的现象称为渗流；而土能被水透过的性能称为土的渗透性。

（2）达西定律：层流状态下，水在土中的渗透速度与水力梯度成正比，即 $v = ki$。

（3）渗透力是一种体积力，其作用方向与渗流方向一致，其表达式为 $j = \gamma_w i$。

（4）渗透变形有两种基本类型，即流土与管涌。

3. 饱和黏性土的单向渗透固结理论——地基变形与时间的关系问题

（1）有效应力原理：$\sigma = \sigma' + u$。

（2）饱和黏性土的单向渗透固结理论的偏微分方程式：$\dfrac{\partial u}{\partial t} = C_v \dfrac{\partial^2 u}{\partial z^2}$。

（3）固结度：$U = \dfrac{S_t}{S}$ 或 $U_t = 1 - \dfrac{8}{\pi^2}\Big[\exp\Big(-\dfrac{\pi^2}{4}T_v\Big) + \dfrac{1}{9}\exp\Big(-\dfrac{9\pi^2}{4}\Big) + \cdots\Big]$。

（4）利用固结度的定义以及 U_t 与 T_v 之间的关系可以解决地基变形与时间的关系问题。

4. 地基变形容许值

（1）地基变形特征：变形量、沉降差、倾斜、局部倾斜。

（2）根据《规范》可确定建筑物的地基变形容许值。

思 考 题

3-1 何谓土体的压缩曲线？它是如何获得的？

3-2 何谓土的压缩系数？它如何反映土的压缩性质？

3-3 同一种土压缩系数是否为常数？它随什么因素变化？

3-4 工程中为何需用 $a_{1\text{-}2}$ 来判断土的压缩性质？如何判断？

3-5 压缩指数 C_c 与压缩系数 a 哪个更能准确反映土的压缩性质？为什么？

3-6 何谓压缩模量？与压缩系数有何关系？

3-7 压缩模量、变形模量、弹性模量有什么区别？

3-8 载荷试验与压缩试验的变形条件有何不同？哪个更符合地基实际受力情况？

3-9 什么是土的弹性变形和残余变形？

3-10 规范法计算变形为什么还要进行修正？

3-11 什么是正常固结土、超固结土、欠固结土？在相同荷载作用下变形相同吗？

3-12 什么是孔隙水压力、有效应力？在土层固结过程中，它们如何变化？

3-13 什么是固结系数？什么是固结度？它们的物理意义是什么？

3-14 分层总和法、规范法、$e\text{-}\lg p$ 方法、弹性力学方法有何异同？为什么说用这些方法算得的地基变形为最终变形?

3-15 哪些建筑物需要进行沉降量、沉降差、倾斜、局部倾斜的验算?

习 题

3-1 已知某土样的土粒比重 $d_s = 2.70$,重度 $\gamma = 19.9 \text{kN/m}$,含水率 $w = 20\%$,取该土样进行压缩试验,环刀高 $h_0 = 2.0 \text{cm}$,当压力为 $p_1 = 100 \text{kPa}$ 时,测得稳定压缩量 $\Delta S_1 = 0.70 \text{mm}$; $p_1 = 200 \text{kPa}$ 时,$\Delta S_2 = 0.95 \text{mm}$,试求 e_0、e_1、e_2、a_{1-2}、E_{s1-2},并评价该土的压缩性。

3-2 一直径为 20m 的大型储油罐,修建在图 3-37 所示的地基上,软粉质黏土的压缩试验结果如表 3-11 所示,基底附加压力 $p_0 = 120 \text{kPa}$,计算粉质黏土层的变形。

表 3-11

荷载(kPa)	60	100	150	200	250
孔隙比	0.904	0.867	0.850	0.832	0.820

3-3 一饱和黏土试样在压缩仪中进行压缩试验,该土样原始高度为 20mm,面积为 30cm^2,土样与环刀总重为 1.756N,环刀重 0.586N。当荷载由 $p_1 = 100 \text{kPa}$ 增加至 $p_2 = 200 \text{kPa}$ 时,在 24h 内土样的高度由 19.31mm 减少至 18.76mm。试验结束后烘干土样,称得干土重为 0.910N,$G_s = 2.70$。

(1)计算与 p_1 及 p_2 对应的孔隙比 e_1 和 e_2。

(2)求 a_{1-2} 及 $E_{s(1-2)}$,并判断该土的压缩性。

3-4 已知某建筑物基底压力为 $p = 240 \text{kPa}$,该建筑物建在 8m 厚的黏土层上,附加应力如图 3-38 所示,黏土层上下均为透水砂层,黏土层的初始孔隙比 $e_0 = 0.888$,压缩系数 $a = 0.46 \text{MPa}^{-1}$,渗透系数 $k = 0.0018 \text{m/年}$。试确定:

(1)黏土层的最终沉降量;

(2)加荷一年后的地基变形量;

(3)沉降 100mm 所需时间;

(4)固结度达 80% 时所需要的时间。

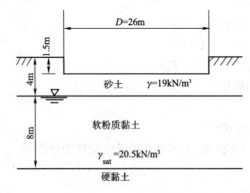

图 3-37 习题 3-2 图

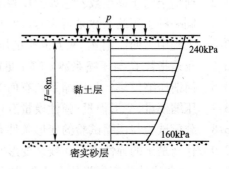

图 3-38 习题 3-4 图

第四章 DISIZHANG

土的抗剪强度与地基承载力

本章导读

　　由于土是松散的颗粒堆积体，因此，土的破坏通常是剪切破坏。土的抗剪强度是指土体抵抗剪切破坏的极限能力，它是土的主要力学性质之一，也是确定地基承载力、计算挡土墙的土压力和边坡稳定分析的基础。

　　在地基基础设计过程中，为了保证地基的稳定，要求作用在地基上的压力不超过地基承载力，它是地基基础设计必须满足的两个基本条件之一。因此，设计过程中，确定地基的承载力是一项重要的内容。

　　本章介绍土的抗剪强度的基本概念、库仑公式和莫尔—库仑破坏准则，介绍不同类型土的剪切特性，重点阐述几种常见的地基破坏类型和地基承载力的确定方法。

学习目标

　　1. 掌握土的抗剪强度概念，熟悉库仑公式，并能利用土的极限平衡条件判定土体状态；

　　2. 掌握土的强度指标的测定方法，并熟知土的剪切特性及工程上强度指标的选用；

　　3. 了解地基破坏的基本类型，熟练掌握几种地基承载力的确定方法。

学习重点

　　1. 土的极限平衡条件判定和土体状态；

　　2. 土的强度指标的测定方法；

　　3. 地基承载力的确定方法。

学习难点

　　土的强度指标的测定方法

本章学习计划

内　　容	建议自学时间（学时）	学习建议	学习记录
第一节　土的抗剪强度与极限平衡理论	1.5	熟知土的极限平衡理论并判定土体状态	
第二节　土的剪切试验	1.5	熟知并掌握土的强度指标的测定方法及控制条件	
第三节　土的剪切特性	1.0	深入了解黏性土和砂土的剪切性状	
第四节　地基承载力	2.0	了解地基破坏的基本类型；掌握地基承载力的确定方法	

第一节　土的抗剪强度与极限平衡理论

一、抗剪强度的基本概念

土的抗剪强度是指土体抵抗剪切破坏的极限能力。土的抗剪强度的数值等于剪切破坏时滑动面上的剪应力大小。

为确保建筑物的安全,在各类建筑物地基基础设计中,必须同时满足地基变形和地基强度两个条件。大量的工程实践和室内试验都表明,土的破坏大多为剪切破坏。例如堤坝边坡太陡时常发生滑坡,即边坡上的一部分土体相对于坝体发生的剪切破坏。土体中滑动面的产生就是由于滑动面上的剪应力达到土的抗剪强度所引起。

土体破坏形式如图4-1所示。试验结果和理论验证均说明:在土样上施加一个轴向力,土样的破坏都是沿着某斜面m-n发生错动,如图4-1c)所示。

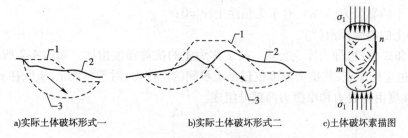

a)实际土体破坏形式一　　　b)实际土体破坏形式二　　　c)土体破坏素描图

图4-1　土体破坏形式示意图

1-原土面线;2-破坏后土;3-滑动面;m-n-主滑动面

m-n斜面称为土剪切的主滑动面。在m-n斜面周围还可观察到许多细小的错缝(裂缝),这也是滑动面。这些滑动面按排列方向大体上可分为两组,一组与主滑动面平行,另一组与主滑动面斜交,且每组滑动面都大致平行。若土体内某一部分的剪应力达到了它的抗剪强度时,土体就要在该部分开始出现剪切破坏或产生塑性流动,最终可能导致一部分土体沿着某个面相对于另一部分土体产生滑动,即整体剪切破坏。

土的抗剪强度是土的重要力学性质之一。地基承载力、挡土墙土压力、边坡的稳定等都受土的抗剪强度的控制。因此,研究土的抗剪强度及其变化规律对于工程设计、施工及管理都具有非常重要的意义。

土的抗剪强度受多种因素的影响。首先决定于土的基本性质,即土的组成、土的状态和土的结构,这些性质又与它形成的环境和应力历史等因素有关。如土颗粒越粗、形状越不规则、表面越粗糙以及级配越好的土,其内摩擦力就越大,抗剪强度也大,砂土级配中随粗颗粒含量的增多抗剪强度也随之提高。土的原始密度越大,土粒之间紧密接触,土粒间孔隙小,土颗粒间的表面摩擦力和咬合力就越大,剪切时需要克服这些力的剪应力也大。随着土的含水量增多,土的抗剪强度随之降低。若土的结构受到扰动破坏时,其抗剪强度亦随之降低。其次还决定于它当前所受的应力状态。第三,土的抗剪强度主要依靠室内试验和野外现场原位测试确定,试验中所用仪器的种类和试验方法对确定土的强度值有很大的影响。最后,试样的不均一、试验误差、甚至整理资料的方法亦都将影响试验的结果。

土体是否达到剪切破坏状态,除了决定于土本身的性质外,还与它所受的应力组合密切相关。这种破坏时的应力组合关系就称为破坏准则。土的破坏准则是一个十分复杂的问题,目前在生产实践中广泛采用的准则是莫尔—库仑破坏准则。

测定土的抗剪强度的常用方法有室内的直接剪切试验、三轴压缩试验、无侧限抗压强度试验以及原位十字板剪切试验等。

◆ **请练习**[思考题 4-1、4-2]

二、库仑公式

1776 年法国科学家库仑(C. A. Coulomb)根据砂土的摩擦试验,总结土的破坏现象和影响因素后,将砂土抗剪强度表达为滑动面上法向总应力的线性函数,即:

$$\tau_f = \sigma \tan\varphi \qquad (4-1)$$

后来为适应不同土类和试验条件,把上式改写成更为普遍的形式,即:

$$\tau_f = c + \sigma \tan\varphi \qquad (4-2)$$

式中:τ_f——土的抗剪强度(kPa);

σ——剪切滑动面上的法向总应力(kPa);

c——土的黏聚力(kPa),对于无黏性土,$c = 0$;

φ——土的内摩擦角(°)。

式(4-1)和式(4-2)即为库仑公式。c、φ 称为土的抗剪强度指标。如图 4-2 所示,对于无黏性土,直线通过坐标原点,其抗剪强度仅仅是土粒间的摩擦力;对于黏性土,直线在 τ_f 轴上的截距为 c,其抗剪强度由黏聚力和摩擦力两部分组成。

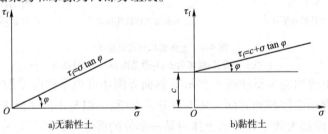

a)无黏性土　　　　b)黏性土

图 4-2　土的抗剪强度曲线

随着有效应力原理的发展,库仑公式用有效应力改写为:

$$\tau_f = c' + \sigma'\tan\varphi' = c' + (\sigma - u)\tan\varphi' \qquad (4-3)$$

式中:σ'——剪切破裂面上的有效法向应力(kPa);

u——土中的超静孔隙水压力(kPa);

c'——土的有效黏聚力(kPa);

φ'——土的有效内摩擦角(°)。

c'、φ' 称为土的有效抗剪强度指标。从理论上讲,同一种土,c'、φ' 值应接近于常数,而与试验方法无关。

式(4-2)称为总应力抗剪强度公式,式(4-3)称为有效应力抗剪强度公式。

与一般固体材料不同,土的抗剪强度不是常数,而是与剪切滑动面上的法向应力 σ 相关,随着 σ 的增大而提高。实践证明,在一般压力范围内,抗剪强度 τ_f 采用这种直线关系,是能够满足工程精度要求的。

应当指出,土的抗剪强度指标 c、φ 的测定,随试验方法和土样排水条件的不同而有较大差异。

三、土中一点的应力状态

工程实践中,若已知地基或结构物的应力状态和抗剪强度指标,利用库仑公式,就可以判断土体所处的状态。通常以研究土体内任一微小单元体的应力状态为切入点。

土体内某微小单元体的任一平面上,一般都作用着一个合应力,它与该面法向成某一倾角,并可分解为法向应力 σ(正应力)和切向应力 τ(剪应力)两个分量。如果某一平面上只有法向应力,没有切向应力,则该平面称为主应力面,而作用在主应力面上的法向应力就称为主应力。由材料力学可知,通过一微小单元体的三个主应力面是彼此正交的,因此,微小单元体上三个主应力也是彼此正交的。

对于平面问题,某一土单元体如图 4-3 所示,假设最大主应力 σ_1 和最小主应力 σ_3 的大小和方向都为已知,l_{ab}、l_{ac}、l_{bc} 分别为法向应力与剪应力作用面、大主应力作用面、小主应力作用面,则与最大主应力面成 θ 角的任一平面上的法向应力 σ 和剪应力 τ 可由力的平衡条件求得。

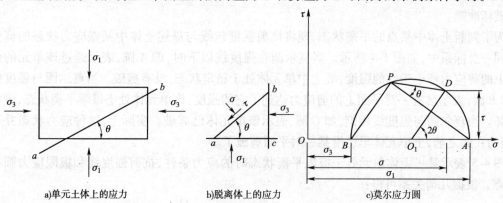

a)单元土体上的应力 b)脱离体上的应力 c)莫尔应力圆

图 4-3　单元土体的应力状态

按 σ 方向的静力平衡条件:

$$\sigma l_{ab} = \sigma_1 l_{ac}\cos\theta + \sigma_3 l_{bc}\sin\theta$$

则

$$\sigma = \sigma_1 \frac{l_{ac}}{l_{ab}}\cos\theta + \sigma_3 \frac{l_{bc}}{l_{ab}}\sin\theta = \sigma_1 \cos^2\theta + \sigma_3 \sin^2\theta$$

经换算可得:

$$\sigma = \frac{\sigma_1 + \sigma_3}{2} + \frac{\sigma_1 - \sigma_3}{2}\cos2\theta \tag{4-4}$$

若按 τ 方向的静力平衡条件:

$$\tau l_{ab} = \sigma_1 l_{ac}\sin\theta - \sigma_3 l_{bc}\cos\theta$$

$$\tau = \sigma_1 \frac{l_{ac}}{l_{ab}}\sin\theta - \sigma_3 \frac{l_{bc}}{l_{ab}}\cos\theta = \sigma_1\cos\theta\sin\theta - \sigma_3\sin\theta\cos\theta$$

则

$$\tau = \frac{\sigma_1 - \sigma_3}{2}\sin2\theta \tag{4-5}$$

土力学中规定,法向应力以压为 +,拉为 -;剪应力以逆时针方向为 +,顺时针方向为 -。

消去式(4-4)和式(4-5)中的 θ,则得应力圆方程:

$$\left(\sigma - \frac{\sigma_1 + \sigma_3}{2}\right)^2 + \tau^2 = \left(\frac{\sigma_1 - \sigma_3}{2}\right)^2 \tag{4-6}$$

可见,在 σ-τ 坐标平面内,土单元体应力状态的轨迹将是一个圆,圆心落在 σ 轴上,与坐标原

点的距离为 $\dfrac{\sigma_1+\sigma_3}{2}$，半径为 $\dfrac{\sigma_1-\sigma_3}{2}$，该圆称为莫尔(Mohr)应力圆，如图4-3c)所示。若某土单元体的莫尔应力圆一经确定，那么该单元体的应力状态也就确定了。

◆ 请练习[**思考题 4-3**]

四、莫尔—库仑破坏准则

莫尔在采用应力圆表示一点应力状态的基础上，提出破裂面的法向应力 σ 与抗剪强度 τ_f 之间有一曲线的函数关系，即 $\tau_f=f(\sigma)$ 。实用上常取与试验应力圆相切的包线(莫尔包线,一般为曲线)反映两者的关系,在实用应力范围内,可用直线代替该曲线,该直线就是库仑公式表示的抗剪强度线。莫尔圆与库仑公式的关系如图4-4所示。

土中某点的剪应力如果等于土的抗剪强度时,则该点处在极限平衡状态,此时的应力圆称为莫尔极限应力圆。而某点处于极限平衡状态时最大主应力和最小主应力之间的关系称为莫尔—库仑破坏准则。

为了判断土体中某点的平衡状态,现将抗剪强度包线与描述土体中某点应力状态的莫尔圆绘于同一坐标系中,如图4-4所示。当莫尔圆在强度线以下时,即 A 圆,表示通过该单元的任何平面上的剪应力都小于它的强度,故土中单元体处于稳定状态,没有剪破。当莫尔圆与强度线相切,即 B 圆,表示已有一对平面上的剪应力达到了它的强度,该单元体处于极限平衡状态,濒临剪切破坏。当莫尔圆与强度线相割,如 C 圆,表示该单元体已剪破。实际上,这种应力状态并不存在,因为在此之前,土单元体早已沿某一对平面剪破了。

图4-5表示某一土体单元处于极限平衡状态时的应力条件,抗剪强度线和极限应力圆相切于 A 点。根据几何关系可得:

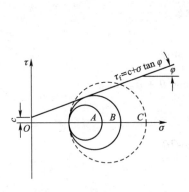

图 4-4　莫尔—库仑破坏准则

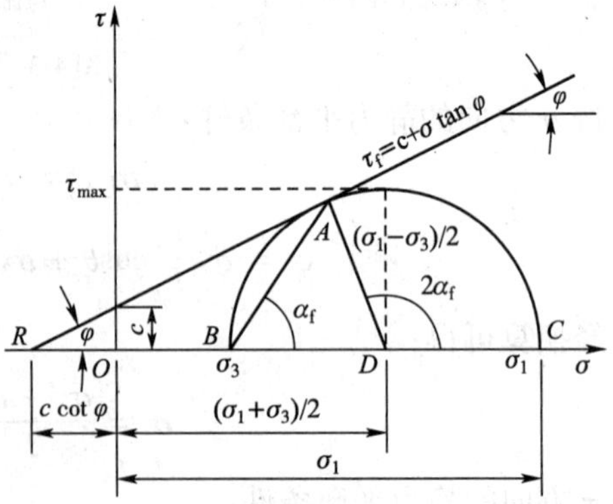

图 4-5　土的极限平衡状态

$$\sin\varphi=\frac{(\sigma_1-\sigma_3)/2}{c\cdot\cot\varphi+\dfrac{1}{2}(\sigma_1+\sigma_3)}$$

于是：
$$\frac{\sigma_1-\sigma_3}{2}=\frac{\sigma_1+\sigma_3}{2}\sin\varphi+c\cos\varphi \tag{4-7}$$

经整理后可得：
$$\sigma_1=\sigma_3\tan^2\left(45°+\frac{\varphi}{2}\right)+2c\tan\left(45°+\frac{\varphi}{2}\right) \tag{4-8}$$

或
$$\sigma_3=\sigma_1\tan^2\left(45°-\frac{\varphi}{2}\right)-2c\tan\left(45°-\frac{\varphi}{2}\right) \tag{4-9}$$

土处于极限平衡状态时破坏面与大主应力作用面间的夹角为 α_f ,且:

$$\alpha_f = \frac{1}{2}(90° + \varphi) = 45° + \frac{\varphi}{2} \tag{4-10}$$

式(4-7)~式(4-10)即为土的极限平衡条件。当为无黏性土时,即 $c = 0$,代入式(4-8)、式(4-9),可得:

$$\sigma_1 = \sigma_3 \tan^2(45° + \frac{\varphi}{2}) \tag{4-11}$$

$$\sigma_3 = \sigma_1 \tan^2(45° - \frac{\varphi}{2}) \tag{4-12}$$

上面推导的极限平衡表达式(4-8)~式(4-12)是用来判别土是否达到破坏的强度条件,是土的强度理论,通常称为莫尔—库仑强度理论。由该理论所描述的土体极限平衡状态可知,土的剪切破坏并不是由最大剪应力 $\tau_{max} = \frac{\sigma_1 - \sigma_3}{2}$ 所控制,即剪切破坏并不产生于最大剪应力面,而是与最大主应力作用面呈 $(45° + \frac{\varphi}{2})$ 夹角的面。

例 4-1 设砂土地基中某点的最大主应力 σ_1 为 450kPa,最小主应力 σ_3 为 200kPa,土的内摩擦角 φ 为 30°,黏聚力 c 为零,问该点处于什么状态?

解 已知 $\sigma_1 = 450$kPa, $\sigma_3 = 200$kPa, $\varphi = 30°$, $c = 0$,则:

$$\sin\alpha_{max} = \frac{\sigma_1 - \sigma_3}{\sigma_1 + \sigma_3} = \frac{450 - 200}{450 + 200} = 0.38$$

$$\alpha_{max} = \arcsin 0.38 = 22.6° < 30°$$

故该点处于稳定状态。

例 4-2 某粉质黏土地基内一点的大主应力 σ_1 为 135kPa,小主应力 σ_3 为 20kPa,黏聚力 $c = 19.6$kPa,内摩擦角 $\varphi = 28°$,试判断该点土体是否破坏。

解 设达到极限平衡状态时所需的最小主应力为 σ_{3f} ,则由式(4-8)可得:

$$\sigma_{3f} = \sigma_1 \tan^2(45° - \frac{\varphi}{2}) - 2c \cdot \tan(45° - \frac{\varphi}{2})$$

$$= 135 \times \tan^2(45° - \frac{28°}{2}) - 2 \times 19.6 \times \tan(45° - \frac{28°}{2})$$

$$= 48.74 - 23.55 = 25.19 \text{ kPa} > \sigma_3 = 20\text{kPa}$$

故该点土体已破坏。

若设达到极限平衡状态时的最大主应力为 σ_{1f} ,则由式(4-8)可得:

$$\sigma_{1f} = \sigma_3 \tan^2(45° + \frac{\varphi}{2}) + 2c\tan(45° + \frac{\varphi}{2})$$

$$= 20 \times \tan^2(45° + \frac{28°}{2}) + 2 \times 19.6\tan(45° + \frac{28°}{2})$$

$$= 55.40 + 65.24 = 120.64\text{kPa} < \sigma_1 = 135\text{kPa}$$

故土体破坏。

第二节 土的剪切试验

测定土的抗剪强度指标的试验称为剪切试验。土的剪切试验既可在室内进行,也可在现场进行原位测试。室内试验的特点是边界条件比较明确,并且容易控制。但是室内试验要求从现场采集样品,在取样的过程中不可避免地引起土的应力释放和土的结构扰动。原位试验的优点是简捷、快速,能够直接在现场进行,不需取试样,能够较好反映土的结构和构造特性。

下面分别介绍工程上常用的土的抗剪强度的试验方法。

一、直接剪切试验

直接剪切试验是测定土的抗剪强度指标的室内试验方法之一,它可以直接测出预定剪切破裂面上的抗剪强度。直接剪切试验的仪器称直剪仪,可分为应变控制式和应力控制式两种,前者以等应变速率使试样产生剪切位移直至剪破,后者是分级施加水平剪应力并测定相应的剪切位移。目前我国使用较多的是应变控制式直剪仪,见图4-6,剪切盒由两个可互相错动的上、下金属盒组成。试样一般呈扁圆柱形,高为2cm,面积30cm²。试验中若不允许试样排水,则以不透水板代替透水石。

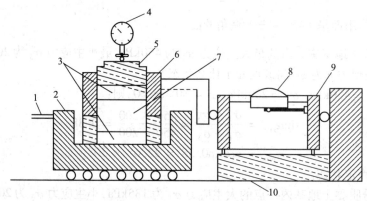

图4-6 应变控制式直剪仪

1-轮轴;2-底座;3-透水石;4、8-测微表;5-加压顶盖;6-上盒;7-土样;9-量力环;10-下盒

试验时,首先通过加压盖板对试样施加某一竖向压力,然后以规定速率对下盒逐渐施加水平剪切力并逐渐加大,直至试样沿上、下盒间预定的水平交界面剪破。在剪切力施加过程中,要记录下盒的位移及所加水平剪力的大小。由于破坏面为水平面,且试样较薄,试样侧壁摩擦力可不计,故剪前施加在试样顶面上的竖向压力即为剪破面上的法向应力 σ。剪切面上的剪应力由试验中测得的剪切力除以试样断面面积求得。根据试验记录数据可绘制竖向应力 σ 下的剪应力与剪切位移关系曲线,如图4-7所示。以曲线的剪应力峰值作为该级法向应力下土的抗剪强度。如果剪应力不出现峰值,则取某一剪切位移(如上述尺寸的试样,常取4mm)相对应的剪应力作为它的抗剪强度。

为了确定土的抗剪强度指标,通常要取4组(或4组以上)相同的试样,分别施加不同的竖向应力,测出它们相应的抗剪强度,将结果绘在竖向应力 σ 为横轴、抗剪强度 τ_f 为纵轴的应力平面图上。通过图上各试验点可绘一直线,此即土的抗剪强度线,如图4-8所示。抗剪强度线与水平线的夹角为试样的内摩擦角 φ,直线与纵坐标的截距为试样的黏聚力 c。

为了近似模拟土体在现场受剪时的排水条件,通常将直剪试验按加荷速率的不同,分为快剪、固结快剪和慢剪三种,具体做法是:

(1)快剪:竖向应力施加后立即进行剪切,剪切速率要快。如《土工试验方法标准》(GB/T 50123—1999)规定,要使试样在 3～5min 内剪破。

(2)固结快剪:竖向应力施加后,让试样充分固结。固结完成后,再进行快速剪切,其剪切速率与快剪相同。

（3）慢剪：竖向应力施加后，允许试样排水固结。待固结完成后，施加水平剪应力，剪切速率放慢，使试样在剪切过程中有充分的时间产生体积变形和排水（对剪胀性土为吸水）。

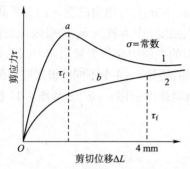

图4-7 剪应力与剪切位移关系曲线

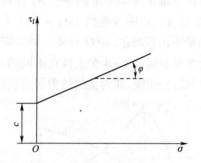

图4-8 直剪试验结果图

对于无黏性土，因其渗透性好，即使快剪也能使其排水固结。因此，《土工试验方法标准》（GB/T 50123—1999）规定：对于无黏性土，一律采用一种加荷速率进行试验。

对正常固结的黏性土（通常为软土），在竖向应力和剪应力作用下，土样都被压缩，所以通常在一定应力范围内，快剪的抗剪强度 τ_q 最小，固结快剪的抗剪强度 τ_{cq} 有所增大，而慢剪抗剪强度 τ_s 最大，即正常固结土 $\tau_q < \tau_{cq} < \tau_s$。

直接剪切试验已有百年以上的历史，由于仪器简单、操作方便，至今在工程实践中仍被广泛应用。但该试验存在着以下不足：

（1）不能控制试样排水条件，不能量测试验过程中试件内孔隙水压力的变化。

（2）试件内的应力状态复杂，剪切面上受力不均匀，试件先在边缘剪破，在边缘处发生应力集中现象。

（3）在剪切过程中，应变分布不均匀，受剪面减小，计算土的抗剪强度时未能考虑。

（4）人为限定上下盒的接触面为剪切面，该面未必是试样的最薄弱面。

为了保持直剪仪简单易行的优点而克服上述缺点，直剪仪正在向单剪仪发展。

二、三轴压缩试验

三轴压缩试验是直接量测试样在不同恒定周围压力下的抗压强度，然后利用莫尔—库仑破坏理论间接推求土的抗剪强度。

三轴压缩仪是目前测定土抗剪强度较为完善的仪器，三轴仪的压力室见图4-9。它是一个由金属上盖、底座和透明有机玻璃圆筒组成的密闭容器。试样为圆柱形，高度与直径之比一般采用 2～2.5。试样用乳胶膜封裹，避免压力室的水进入试样。试样上、下两端可根据试验要求放置透水石或不透水板。试验中试样的排水情况可由排水阀控制。试样底部与孔隙水压力量测系统连接，可根据需要测定试验中试样的孔隙水压力值。

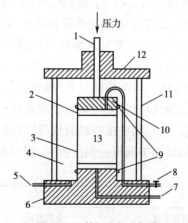

图4-9 三轴压力室示意图

1-活塞；2-透水石；3-乳胶膜；4-水；5-空压机加压；6-底座；7-接孔隙水应力测量系统；8-排水阀；9-橡皮圈；10-试样帽；11-有机玻璃筒；12-上盖；13-试样

　　试验时,首先通过空压机或其他稳压装置对试样施加各向相等的围压 σ_3 ,然后通过传压活塞在试样顶上逐渐施加轴向力 $(\sigma_1 - \sigma_3)$,直至土样剪破。在受剪过程中同时要测读试样的轴向压缩量,以便计算轴向应变 ε 。

　　根据三轴试验结果绘制某一 σ_3 作用下的主应力差 $(\sigma_1 - \sigma_3)$ 与轴向应变 ε 的关系曲线,如图 4-10 所示。以曲线峰值 $(\sigma_1 - \sigma_3)_f$ (该级 σ_3 下的抗压强度)作为该级 σ_3 的极限应力圆的直径。如果不出现峰值,则取与某一轴向应变(如 15%)对应的主应力差作为极限应力圆的直径。

　　通常至少需要 3~4 个土样在不同的 σ_3 作用下进行剪切,得到 3~4 个不同的极限应力圆,绘出各应力圆的公切线,即为土的抗剪强度包线。由此可求得抗剪强度指标 c 、φ 值,如图 4-11 所示。

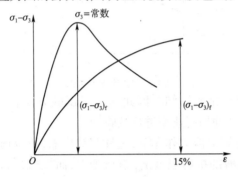

图 4-10　主应力差 $(\sigma_1 - \sigma_3)$ 与轴向应变 ε 的关系曲线

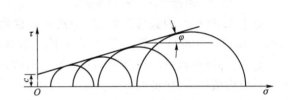

图 4-11　土的抗剪强度包线

　　按照试验过程中试样的固结和排水情况,常规三轴试验有三种方法。

1. 不固结不排水剪(UU)

　　不固结不排水剪,简称不排水剪。试验时,先施加周围压力 σ_3 ,然后施加轴向力 $(\sigma_1 - \sigma_3)$ 。在整个试验中,排水阀始终关闭,不允许试样排水,试样的含水量保持不变。

2. 固结不排水剪(CU)

　　试验时先施加 σ_3 ,打开排水阀,使试样排水固结。排水终止,固结完成,关闭排水阀,然后施加 $(\sigma_1 - \sigma_3)$ 直至试样破坏。在试验过程中,如需量测孔隙水压力,就可打开孔压量测系统的阀门。

3. 固结排水剪(CD)

　　简称排水剪。在 σ_3 和 $(\sigma_1 - \sigma_3)$ 施加的过程中,始终打开排水阀,让试样排水固结,放慢 $(\sigma_1 - \sigma_3)$ 加荷速率并使试样在孔隙水压力为零的情况下达到破坏。

　　三轴试验的主要特点是能严格地控制试样的排水条件,量测试样中孔隙水压力,定量地获得土中有效应力的变化情况,而且试样中的应力分布比较均匀,故三轴试验成果较直剪试验成果更加可靠、准确。但该仪器复杂,操作技术要求高,且试样制备也较麻烦;同时试件所受的应力是轴对称的,试验应力状态与实际仍有差异。为此,现代的土工试验室发展了平面应变试验仪、真三轴试验仪、空心圆柱扭剪试验仪等,以便更好地模拟土的不同应力状态,更准确地测定土的强度。

　　剪切试验中取得的强度指标,因试验方法的不同须分别用不同的符号区分,详见表 4-1。

剪切试验成果表达　　　　　　　　　　　　　　　　　　表 4-1

直接剪切		三轴剪切	
试验方法	成果表达	试验方法	成果表达
快剪	c_q , φ_q	不排水剪	c_u , φ_u
固结快剪	c_{cq} , φ_{cq}	固结不排水剪	c_{cu} , φ_{cu}
慢剪	c_s , φ_s	排水剪	c_d , φ_d

从试验结果可以发现,对于同一种土,施加相同的总应力时,抗剪强度并不相同,这与试样的固结与排水情况有关。因此,抗剪强度与总应力 σ 没有唯一的对应关系。

从饱和土体的固结过程可知,只有有效应力才引起土骨架的变形。现行的理论与试验均说明了抗剪强度与有效应力有唯一的对应关系,即:

$$\tau_{\mathrm{f}} = \sigma'\tan\varphi' + c' = (\sigma - u)\tan\varphi' + c' \tag{4-13}$$

式中: φ'、c' ——土的有效内摩擦角和有效黏聚力。

式(4-13)中以有效应力表示抗剪强度的方法称为抗剪强度的有效应力表示法。

试验表明,对于不固结不排水剪来说,虽然施加的 σ_3 有所不同,但剪坏时的主应力差 $(\sigma_1 - \sigma_3)_{\mathrm{f}}$ 却基本相同。

三轴试验可以测试孔隙水压力 u 值。由三轴试验成果确定 c'、φ' 的方法,如图4-12所示。

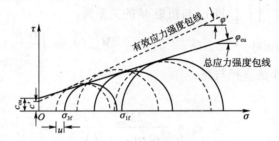

图4-12　由三轴试验确定 c'、φ'

三、无侧限抗压强度试验

无侧限抗压强度试验实际上是三轴压缩试验的一种特殊情况。试验中,对试样不施加周围应力 σ_3 ($\sigma_3 = 0$),仅施加轴向力 σ_1 直至试样剪切破坏,试样剪切破坏时的轴向力以 q_{u} 表示,即 $\sigma_3 = 0$, $\sigma_{1\mathrm{f}} = q_{\mathrm{u}}$,此时给出一个通过坐标原点的极限应力圆(图4-13)。 q_{u} 称为无侧限抗压强度。对饱和软黏土,可认为 $\varphi = 0$,因此抗剪强度线为一水平线, $c_{\mathrm{u}} = \dfrac{q_{\mathrm{u}}}{2}$ 。所以,可根据无侧限抗压强度试验测得的抗压强度推求饱和土的不固结不排水抗剪强度 c_{u} ,即 $\tau_{\mathrm{f}} = \dfrac{q_{\mathrm{u}}}{2} = c_{\mathrm{u}}$ 。

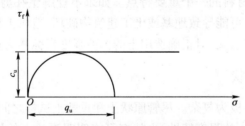

图4-13　无侧限试验极限应力圆

必须注意,由于取样过程中土样受到扰动,原位应力被释放,用这种土样测得的不排水强度并不完全代表土样的原位不排水强度。一般来说,它低于原位不排水强度。

四、十字板剪切试验

十字板剪切仪是一种使用方便的原位测试仪器,通常用以测定饱和黏性土的原位不排水强度,特别适用于均匀饱和软黏土。

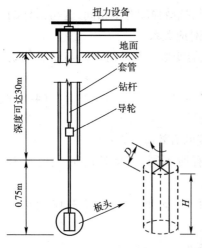

图 4-14　十字板试验装置示意图

现场十字板剪切仪主要由板头、扭力装置和量测装置三部分组成。板头是两片正交的金属板,厚2mm,刃口成60°角,常用尺寸为宽×高=50mm×100mm,如图4-14所示。

试验通常在钻孔内进行。先将钻孔钻至测试深度以上75cm左右。清孔底后,将十字板头压入土中至测试深度,然后通过安放在地面上的施加扭力装置,旋转钻杆以扭转十字板头,这时,板内土体与其周围土体发生剪切,直至剪破为止。测出其相应的最大扭矩,根据力矩平衡关系,推算圆柱形剪破面上土的抗剪强度。

假定土的 $\varphi = 0$,且剪应力在剪切面均匀分布,则抗剪强度 c_u 与扭矩 M 的关系为:

$$M_{max} = \pi c_u \left(\frac{D^2 H}{2} + \frac{D^2}{6} \right)$$

式中:D、H——十字板板头的直径与高。

由上式整理可得:

$$c_u = \frac{2M_{max}}{\pi D^2 H \left(1 + \frac{D}{3H} \right)} \qquad (4-14)$$

十字板剪切试验所得结果相当于不排水抗剪强度。

◆ 请练习[思考题4-4]

第三节　土的剪切特性

土的抗剪强度指标 φ 和 c 是研究土的抗剪强度的关键问题。但是同一种土,用同一台仪器做试验,如果采用的试验方法不同,特别是排水条件不同,测得的结果往往差别很大,有时甚至相差悬殊,这是土有别于其他材料的一个重要特点。如果不理解土在剪切过程中的性状以及测得的指标意义,在工程应用中,可能导致地基或土工建筑物破坏,造成工程事故。因此,阐明土的剪切性状以及各类指标的物理意义,对正确选用土的抗剪强度指标甚为重要。

一、黏性土的剪切性状

黏性土的抗剪强度特性极为复杂。尽管原状土和重塑土试样之间在结构上和应力历史上存在重大差异,但掌握了重塑土的强度特性,也就有可能阐明原状土的许多强度特性。因此,对有关土的强度的某些结论,大多是根据彻底拌和的饱和重塑黏土的资料得到的。

1. 饱和黏性土的不固结不排水强度(不排水强度)

图4-15表示一饱和黏性土的三轴不固结不排水强度试验结果。图中三个实线圆Ⅰ、Ⅱ、Ⅲ表示三个试样在不同的围压 σ_3 作用下剪切破坏时的总应力圆,虚线圆为有效应力圆。试验结果表明,尽管周围压力 σ_3 不同,但抗剪强度相同,所以极限应力圆的直径 $(\sigma_1 - \sigma_3)$ 相等,因此抗剪强度包线是一条与各个应力圆相切的水平线,即:

$$\varphi_u = 0$$

$$\tau_f = c_u = \frac{1}{2}(\sigma_1 - \sigma_3) \tag{4-15}$$

式中：c_u——不排水强度。

三个试样只能得到一个有效应力圆，所以无法绘制有效应力强度包线。

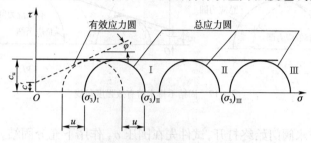

图 4-15　饱和黏性土不固结不排水强度包线

饱和土的三轴不排水试验，由于试验过程中所施加的有效周围压力 $\sigma'_3 = 0$，近似于无侧限压缩试验。不排水的实质是保持试验过程中土样的密度不变，原位十字板剪切试验一般也能满足这一条件，故用这种方法测得的抗剪强度 τ_f 也相当于不排水强度 c_u，不过十字板剪切试验测得抗剪强度 τ_f 略高于室内的不排水强度 c_u。

2. 固结不排水强度

图 4-16 表示固结不排水强度试验结果。一组正常固结的饱和黏性土试样，在不同周围压力 σ_3 下固结稳定，在不允许有水进出的条件下逐渐施加附加轴向压力直至剪破，试验中因各试样的剪前固结压力将随 $\Delta\sigma_3$ 的增加而增大，各试样的剪前孔隙比则相应减小，因此，强度和极限总应力圆亦将相应增大。作这些圆的包线即得正常固结土的固结不排水剪强度线，它是一条通过坐标原点的直线，倾角为 φ_{cu}。若一组试样先承受同一周围压力固结稳定，然后分别卸荷膨胀至不同周围压力，再在不允许有水进出的条件下受剪切至破坏，即可得到超固结土的极限总应力圆和强度包线，这是一条不通过坐标原点的微弯曲线，通常用直线（图 4-16 中虚线）近似代替。直线的倾角为 φ_{cu}，与坐标纵轴的截距为 c_{cu}。超固结土的强度线高于正常固结土的强度线。

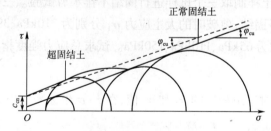

图 4-16　固结不排水剪总强度包线

试验中若测量孔隙水压力，则试验结果可用有效应力整理，如图 4-17 所示。

固结不排水剪试验的总强度线可表达为：

$$\tau_f = c_{cu} + \sigma\tan\varphi_{cu} \tag{4-16}$$

有效强度可表达为：

$$\tau_f = c' + \sigma'\tan\varphi' \tag{4-17}$$

对于正常固结土，c' 和 c_{cu} 都等于零。

由于在野外现场钻取试样获取过程中必然引起应力释放，使原来的正常固结土也成为超固结的土，因此，试验中的固结压力原则上至少应大于该试样的自重应力。

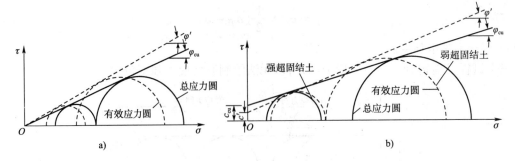

图 4-17　固结不排水剪有效强度包线

3.固结排水强度

在三轴试验中,排水阀门始终打开,试件先在围压 σ_3 作用下充分固结,稳定后缓慢增加轴向正应力,在剪切过程中充分排水。试样中恒不出现超静孔隙水压力,总应力等于有效应力。用这种方法测得的抗剪强度称为排水强度,指标分别用 c_d 和 φ_d 表示。

图 4-18 为固结排水剪强度包线。饱和黏土在固结排水剪试验中的强度变化趋势与固结不排水剪试验相似。正常固结土的强度包线为通过坐标原点的直线;超固结土为微弯的曲线,通常可用直线近似代替。由于试验中孔隙水压力始终保持为零,外加总应力就等于有效应力,极限总应力圆就是极限有效应力圆,总强度线即为有效强度线。

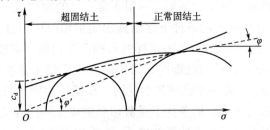

图 4-18　固结排水剪强度包线

例 4-3　某一饱和黏土样制取三个试样进行固结不排水剪试验。三个试验分别在围压 σ_3 为 100kPa、200kPa、300kPa 下固结,剪破时的大主应力 σ_1 分别为 210kPa、390kPa、580kPa,同时测得剪破时的孔隙水压力依次为 65kPa、110kPa、150kPa。试求总应力强度指标 c_{cu} 和 φ_{cu} 以及有效应力强度指标 c' 和 φ'。

解　(1)据试样剪破时三组相应的 σ_1 和 σ_3 值,在 τ-σ 坐标平面内的 σ 轴按 $\dfrac{\sigma_1+\sigma_3}{2}$ 值定出极限应力圆的圆心,以 $\dfrac{\sigma_1-\sigma_3}{2}$ 值为半径分别作圆,即为剪破时的总应力圆,如图 4-19 所示。作三个实线圆的近似公切线,量得 c_{cu} 为 11kPa,φ_{cu} 为 16°。

(2)按剪破时的孔隙水压力值,把三个总应力圆分别左移一相应距离,即得有效应力圆,如图中虚线。作虚线圆的近似公切线,得 c' 为 20kPa,φ' 为 23°。

4.黏性土的残余强度

图 4-20 为黏性土的剪切试验曲线。从图中可知,黏性土强度在剪切过程中会趋于一定值,该值就称为黏土的残余强度。由图可以看出:黏土的残余强度与它的应力历史无关;在大剪切位移下超固结黏土的强度其降低幅度比正常固结黏土要大;残余强度线为一通过坐标原点的直线(图 4-20 中虚线)。

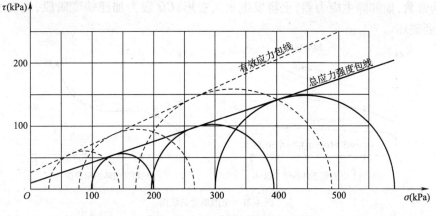

图 4-19　固结不排水剪试验结果表示图

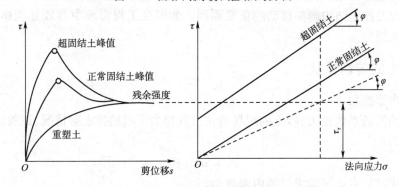

图 4-20　黏性土的剪切试验曲线

5. 结构性与灵敏度

某些黏土在含水率不变的条件下,经过重塑使其结构彻底扰动,它的强度便会显著地降低。黏土对结构扰动的敏感程度可用灵敏度 S_t 表示。S_t 为原状试样的不排水强度与相同含水率下重塑试样的不排水强度之比。黏土可根据灵敏度进行分类,如表 4-2 所示。

黏土按灵敏度分类　　　　　　　　　　　　　　　　表 4-2

S_t	<1	1~2	2~4	4~8	8~16	>16
黏土分类	不灵敏	低灵敏	中等灵敏	灵敏	很灵敏	流动

黏土受扰动强度降低的原因,一是因为扰动破坏了颗粒表面结合水分子的定向排列,破坏了颗粒间的原始黏性,此部分强度随着时间增长可以逐渐恢复;二是破坏了颗粒间的胶结物质,使强度降低,此部分强度一般不能恢复。

在含水率不变的条件下,黏土因重塑而强度降低(软化),随着时间的推移,土的强度又逐渐恢复(硬化),黏土的这种性质称为黏土的触变性。

取样试验的过程中,应尽量避免破坏土的结构,这样才能较真实地反映土的天然强度。在施工中也应尽量避免地基天然结构的破坏,避免造成土的强度降低或使土产生过大的变形,对灵敏度较高的土尤其要注意。

6. 黏土的蠕变

在恒定剪应力作用下应变随时间而改变的现象称为蠕变,如图 4-21 所示。蠕变破坏的过程为:OA 段为瞬时弹性应变阶段,其值很小;AB 段为初期蠕变阶段,在这一阶段,蠕变速率由大变小,如果这时卸除主应力差,则先恢复瞬时弹性应变,继而恢复初期蠕变;BC 段为稳定蠕变阶段,蠕变速率为常数,如卸除主应力差,土将发生永久变形;CD 段为加速蠕变阶段,蠕变速率迅速增长,最后达到破坏。

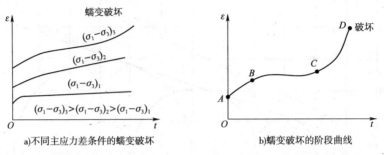

a)不同主应力差条件的蠕变破坏　　　　b)蠕变破坏的阶段曲线

图 4-21　土的蠕变曲线图

只要剪应力超过一定值,易蠕变土的长期强度可大大低于室内测定的强度。蠕变是引起工程上土坡破坏以及挡土结构侧向移动的重要原因。如何在工程实践中合理处理蠕变的影响,需要进一步的深入研究。

二、砂性土的剪切性状

1. 砂土的内摩擦角

由于砂土的渗透系数较大,砂土的现场剪切过程相当于固结排水剪情况,试验求得的强度包线一般可表达为:

$$\tau_f = \sigma \tan\varphi_d \tag{4-18}$$

式中:φ_d——固结排水剪试验求得的内摩擦角。

砂土抗剪强度受到其初始孔隙比、土粒形状和土的级配的影响。同一种砂土在相同的初始孔隙比下饱和时的内摩擦角比干燥时稍小(一般小 2°左右)。

2. 剪胀性

剪胀性是指土受剪切时不仅产生形状的变化,还要产生体积的变化,包括体积剪胀和体积剪缩的性质。土颗粒相对于孔隙流体而言,可认为是不可压缩的,土体积变化完全是由于孔隙流体体积的变化。剪胀时,体积增大,孔隙流体的体积增加,土变松;剪缩时,体积缩小,孔隙流体的体积减小,土变密。

图 4-22 表示砂土受剪时的应力—应变—体变曲线。密砂受剪切作用,当轴向应变 ε 很小时,体积先收缩,变得更为密实。由于密砂能承受很大的剪应力,表现为 $(\sigma_1 - \sigma_3)$ —ε 曲线的前段偏差应力升值很快,但这一阶段很短,随即变成剪胀状态,体积膨胀,密度降低,应力增长的速度随之减缓。当体积膨胀到一定程度后,承受剪应力的能力反而降低,在曲线上出现峰值,称为土的峰值强度。再继续剪切,体积仍然不断膨胀,密度不断减小,剪应力不断松弛,最后保持不变并趋于松砂的强度,这一不变强度就是土的残余强度。

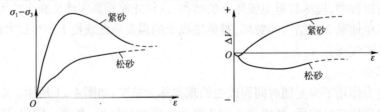

图 4-22　砂土受剪时的应力—应变—体变曲线

松砂则表现为另一种性状,在剪切的整个过程中,都处于剪缩状态,体积一直不断缩小,密度不断增加,最后趋于一个稳定值。

可以预计,在排水条件下砂土受剪切作用时,有某一密度为孔隙比的砂土,它剪破时的体积不变,即受剪切作用是产生剪应变而不产生体应变,相应于这种密度的孔隙比,称为临界孔隙比 e_{cr}。

不排水剪是剪切中不让土样排水,控制体积固定不变。剪切要引起体积变化是土的基本特征,人为控制排水条件,不让试件体积发生变化,并不能改变这种特性。紧砂为了抵消受剪时的剪胀趋势,通过土样内部的应力调整,即产生负孔隙水压力,使有效周围压力增加,以保持试样在受剪阶段体积不变。所以,在相同的初始周围压力下,由固结不排水剪切试验测得的强度要比固结排水剪试验高。反之,松砂为了抵消受剪时的体积缩小趋势,将产生正孔隙水压力,使有效周围压力减小,以保持试样在受剪阶段体积不变,所以,在相同初始周围压力下,由固结不排水剪试验测得的强度要比固结排水剪试验测得的强度低。

3. 砂土的液化

液化是指任何物质转化为液体的行为或过程。砂土的液化是指由砂土和粉土颗粒为主所组成的松散饱和土体在静力、渗流尤其在动力作用下从固体状态转变为流动状态的现象。土体液化是由于孔隙水压力增加,有效应力减小的结果。

在不排水条件下饱和松砂受剪将产生正孔隙水压力。当饱和疏松的无黏性土,特别是粉、细砂受到突发的动力荷载或周期荷载时,一时来不及排水,便可导致孔隙水压力的急剧上升。按有效应力观点,无黏性土的抗剪强度应表达为 $\tau_f = \sigma' \tan\varphi' = (\sigma - u)\tan\varphi'$。

一旦振动引起的超孔隙水压力 u 趋于 σ,则 σ' 将趋于零,抗剪强度趋于零。现场土体液化表现为地基喷水冒砂,地基上的建筑物发生严重的沉陷、倾覆和开裂,液化土体本身产生流滑等。

第四节　地基承载力

地基承受建筑物荷载的作用后,内部应力发生变化。一方面附加应力引起地基内土体变形,造成建筑物的沉降;另一方面,引起地基内土体的剪应力增加。若地基中某点沿某方向剪应力达到土的抗剪强度,该点即处于极限平衡状态,若应力再增加,该点就发生破坏。随着外部荷载的不断增大,土体内部存在多个破坏点,若这些点连成整体,就形成了破坏面。地基中一旦形成了整体滑动面,建筑物就会发生急剧沉降、倾斜,导致建筑物失去使用功能,这种状态称为地基土失稳或丧失承载能力。

地基承受荷载的能力称为地基的承载力。通常可分为两种:一是极限承载力,它是指地基即将丧失稳定性时的承载力;二是容许承载力,它是指地基稳定有足够的安全度并且变形控制在建筑物容许范围内时的承载力。

一、地基的破坏类型

地基土的破坏是由于抗剪强度不足引起的剪切破坏。试验研究成果表明,地基的剪切破坏随着土的性状而不同,一般可分为整体剪切、局部剪切和冲剪三种破坏形式,见图4-23。

1. 整体剪切破坏

整体剪切破坏的过程如图4-24所示。当荷载 p 比较小时,如图4-24a)所示,沉降 S 也比较

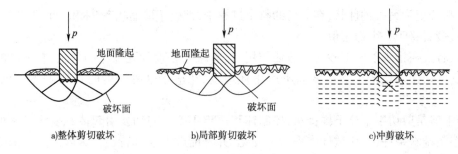

图 4-23　地基的破坏类型

小,且 p-S 曲线基本保持直线关系,如图 4-24d)中曲线 1 的 oa 段。当荷载增加时,地基土内部出现剪切破坏区(通常从基础边缘开始),见图 4-24b),土体进入弹塑性变形破坏阶段,p-S 曲线变成曲线段,如图 4-24d)中曲线 1 的 ab 段。当荷载继续增大,剪切破坏区不断扩大,在地基内部形成连续的滑动面,如图 4-24c)所示,一直到达地表,p-S 曲线形成陡降段,如图 4-24d)中曲线 1 的 bc 段以下。

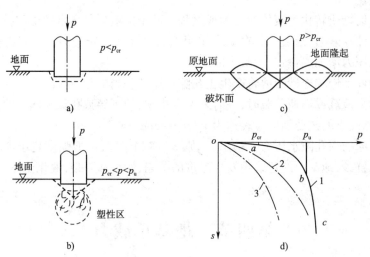

图 4-24　整体剪切破坏过程

整体剪切破坏的特征是:随着基础上荷载的逐渐增加,p-S 曲线有明显的直线段、曲线段与陡降段;破坏从基础边缘开始,滑动面贯通到地表,基础两侧的地面有明显隆起;破坏时基础急剧下沉或向一边倾倒。

2. 局部剪切破坏

局部剪切破坏的过程与整体剪切破坏相似。但 p-S 曲线无明显的三阶段,当荷载 p 不是很大时,p-S 曲线就不是直线,如图 4-24d)中曲线 2 所示。

局部剪切破坏的特征如图 4-23b)及图 4-24d)中的曲线 2 所示,其 p-S 曲线从一开始就呈现出非线性的变化,并且当达到破坏时,均无明显地出现转折现象;地基破坏也是从基础边缘开始,但滑动面未延伸到地表,而是终止在地基土内部某一位置;基础两侧的地面有微微隆起,呈现破坏特征;基础一般不会发生倒塌或倾斜破坏。

3. 冲剪破坏

冲剪破坏一般发生在基础刚度很大且地基土十分软弱的情况下。在荷载的作用下,基础发生破坏时的形态往往是沿基础边缘的竖直剪切破坏,如图 4-23c)所示,好像基础"切入"土中。p-S 曲线类似于局部剪切破坏,如图 4-24d)中曲线 3 所示。

冲剪破坏的特征是：基础发生垂直剪切破坏，地基内部不形成连续的滑动面；基础两侧土体没有隆起现象，往往随基础的"切入"微微下沉；基础破坏时只伴随过大的沉降，没有倾斜的发生；基础随荷载连续刺入，最后因基础侧面附近土的竖直剪切而破坏。

地基土的破坏形式受到下列因素的影响：一是土的压缩性质，一般来说，对于坚硬或紧密的土，将出现整体剪切破坏，而对于松软土，将出现局部剪切或冲剪破坏。二是与基础埋深及加荷速率有关，基础浅埋，加荷速率慢，往往出现整体剪切破坏；基础埋深较大，加荷速率较快时，往往发生局部剪切或冲剪破坏。

◆ 请练习[思考题4-5]

二、地基承载力理论计算

1. 按塑性区发展范围确定地基承载力

按塑性区发展范围确定地基承载力的方法就是将地基中的剪切破坏区限制在某一范围时，对应地基土所承受的基底压力，即为地基的承载力。以下介绍条形基础均布荷载下的近似计算方法。

如图4-25所示，设条形基础的宽度为b，埋置深度为d，其底面上作用着竖直均布压力p。根据弹性力学理论，地基中任一点M由于荷载$(p-\gamma d)$所引起的主应力为：

$$\left.\begin{array}{l} \sigma_1 = \dfrac{p-\gamma d}{\pi}(2\beta + \sin 2\beta) \\[2mm] \sigma_3 = \dfrac{p-\gamma d}{\pi}(2\beta - \sin 2\beta) \end{array}\right\} \tag{4-19}$$

式中，2β为M点与长条荷载边缘连线MA、MB之间的夹角，称为视角，以弧度表示。

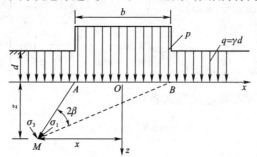

图4-25　条形均布荷载下地基内应力的计算

在M点上，还有地基本身重量所引起的自重应力。若假定土自重所引起的应力各个方向均相等，任意点M由于外荷载及土自重所产生的主应力总值为：

$$\left.\begin{array}{l} \sigma_1 = \dfrac{p-\gamma d}{\pi}(2\beta + \sin\beta) + \gamma(d+z) \\[2mm] \sigma_3 = \dfrac{p-\gamma d}{\pi}(2\beta - \sin\beta) + \gamma(d+z) \end{array}\right\} \tag{4-20}$$

将式(4-20)代入极限平衡条件式(4-8)，整理后，可得在某一压力p下地基中塑性区的边界方程：

$$z = \frac{p-\gamma d}{\gamma\pi}\left(\frac{\sin 2\beta}{\sin\varphi} - 2\beta\right) - \frac{c\cdot\cot\varphi}{\gamma} - d \tag{4-21}$$

当土的特性指标c、γ、φ，基底压力p以及埋置深度d为已知时，z值随β而变化。在工程应用中，我们并不一定需要知道整个塑性区的边界，而只需了解在某一基底压力下塑性区开展的最大深度是多少。为了求解塑性区开展的最大深度，将式(4-21)对β求导，并让$\dfrac{\mathrm{d}z}{\mathrm{d}\beta}=0$，即：

$$\frac{\mathrm{d}z}{\mathrm{d}\beta} = \frac{p - \gamma d}{\pi r}\left(\frac{2\cos2\beta}{\sin\varphi} - 2\right) = 0$$

故：
$$\cos2\beta = \sin\varphi$$

得：

$$2\beta = \frac{\pi}{2} - \varphi \qquad (4\text{-}22)$$

将式(4-22)代入式(4-21)中,即可得到塑性区开展的最大深度为:

$$z_{\max} = \frac{p - \gamma d}{\pi r}\left(\cot\varphi - \frac{\pi}{2} + \varphi\right) - \frac{c\cot\varphi}{\gamma} - d \qquad (4\text{-}23)$$

如果规定了塑性区开展深度的容许值$[z]$,若$z_{\max} \leq [z]$,地基是稳定的;若$z_{\max} > [z]$,地基的稳定是没有保证的。

式(4-23)表示在基底压力p作用下,极限平衡区的最大发展深度。当$z_{\max} = 0$时,由式(4-23)得到的压应力p就是地基开始发生局部剪损,但极限平衡区尚未得到扩展时的荷载,也即临塑荷载p_{cr}。同理,$z_{\max} = \frac{b}{4}$或$z_{\max} = \frac{b}{3}$代入式(4-23),整理后得到的压应力p就是相应于极限平衡区的最大发展深度为基础宽度的1/4和1/3时的荷载,称为临界荷载$p_{1/4}$和$p_{1/3}$,即:

$$p_{cr} = \gamma d\left[1 + \frac{\pi}{\cot\varphi - \frac{\pi}{2} + \varphi}\right] + c\left[\frac{\pi\cot\varphi}{\cot\varphi - \frac{\pi}{2} + \varphi}\right] \qquad (4\text{-}24)$$

$$p_{1/4} = \gamma b\frac{\pi}{4\left(\cot\varphi - \frac{\pi}{2} + \varphi\right)} + \gamma d\left[1 + \frac{\pi}{\cot\varphi - \frac{\pi}{2} + \varphi}\right] + c\left[\frac{\pi\cot\varphi}{\cot\varphi - \frac{\pi}{2} + \varphi}\right] \qquad (4\text{-}25)$$

$$p_{1/3} = \gamma b\frac{\pi}{3\left(\cot\varphi - \frac{\pi}{2} + \varphi\right)} + \gamma d\left[1 + \frac{\pi}{\cot\varphi - \frac{\pi}{2} + \varphi}\right] + c\left[\frac{\pi\cot\varphi}{\cot\varphi - \frac{\pi}{2} + \varphi}\right] \qquad (4\text{-}26)$$

式(4-24)～式(4-26)可以普遍的形式表达为:

$$p = \frac{1}{2}\gamma b N_\gamma + \gamma d N_q + c N_c \qquad (4\text{-}27)$$

式中: $N_c = \dfrac{\pi\cot\varphi}{\cot\varphi - \dfrac{\pi}{2} + \varphi}$;

$N_q = 1 + \dfrac{\pi}{\cot\varphi - \dfrac{\pi}{2} + \varphi} = 1 + N_c\tan\varphi$;

相应于p_{cr}、$p_{1/4}$、$p_{1/3}$的N_γ分别为0、$\dfrac{\pi}{2\left(\cot\varphi - \dfrac{\pi}{2} + \varphi\right)}$和$\dfrac{2\pi}{3\left(\cot\varphi - \dfrac{\pi}{2} + \varphi\right)}$。由此可知承载力系数$N_c$、$N_q$和$N_\gamma$是内摩擦角$\varphi$的系数。

上述公式是在均质地基情况下求解所得。如果基底上下是不同的土层,则式(4-27)中的第一项应采用基底以下土的重度,而第二项应采用基底以上土的重度。另外,地下水位以上均用天然重度,而地下水位以下则用浮重度。

式(4-24)、式(4-25)和(4-26)是在条形基础均匀荷载的情况下得到的。对于建筑物竣工期的稳定校核,土的强度指标c、φ一般采用不排水强度或快剪试验结果。通常在设计时地基容许

承载力采用 $p_{1/4}$ 或 $p_{1/3}$，而不是采用 p_{cr}，否则偏于保守。但对于 φ 值很小（如果 $\varphi < 5°$）的软黏土，采用 p_{cr} 与 $p_{1/4}$ 或 $p_{1/3}$ 相差甚小，可任意使用。应该指出，在验算竣工期的地基稳定时，由于施工期间地基土有一定的排水固结，相应的强度有所提高。所以，实际的塑性区最大开展深度不会达到基础宽度的 1/4 或 1/3，即按 $p_{1/4}$ 或 $p_{1/3}$ 验算的结果，尚有一定的安全储备。

◆ **请练习[思考题 4-6]**

例 4-4　有一条形基础，宽度 b 为 4m，基础埋深 d 为 2m，土的天然重度为 19kN/m³，土的快剪强度指标 $c = 15\text{kPa}$，$\varphi = 13°$。试分别求该地基的 p_{cr}、$p_{1/4}$、$p_{1/3}$。

解　已知 $\gamma = 19\text{kN/m}^3$，$c = 15\text{kPa}$，$\varphi = 13°$，$b = 4\text{m}$，$d = 2\text{m}$，分别代入式（4-24）、式（4-25）和式（4-26），得：

$$p_{cr} = 19 \times 2 \times \left[1 + \frac{3.14}{\cot 13° - \frac{3.14}{2} + 13° \times \frac{3.14}{180°}} \right] + 15 \times \left[\frac{3.14 \times \cot 13°}{\cot 13° - \frac{3.14}{2} + 13° \times \frac{3.14}{180°}} \right]$$

$$= 77.95 + 68.30 = 146.25\text{kPa}$$

$$p_{1/4} = 19 \times 4 \times \left[\frac{3.14}{4\left(\cot 13° - \frac{3.14}{2} + 13° \times \frac{3.14}{180°}\right)} \right] + 19 \times 2 \times \left[1 + \frac{3.14}{\cot 13° - \frac{3.14}{2} + 13° \times \frac{3.14}{180°}} \right] +$$

$$15 \times \left[\frac{3.14 \times \cot 13°}{\cot 13° - \frac{3.14}{2} + 13° \times \frac{3.14}{180°}} \right]$$

$$= 19.97 + 77.95 + 68.30 = 166.22\text{kPa}$$

$$p_{1/3} = 19 \times 4 \times \left[\frac{3.14}{3\left(\cot 13° - \frac{3.14}{2} + 13° \times \frac{3.14}{180°}\right)} \right] + 19 \times 2 \times \left[1 + \frac{3.14}{\cot 13° - \frac{3.14}{2} + 13° \times \frac{3.14}{180°}} \right] +$$

$$15 \times \left[\frac{3.14 \times \cot 13°}{\cot 13° - \frac{3.14}{2} + 13° \times \frac{3.14}{180°}} \right]$$

$$= 26.63 + 77.95 + 68.30 = 172.88\text{kPa}$$

2. 按极限荷载确定地基承载力

地基的极限荷载是地基内部整体达到极限平衡时的荷载。求解极限荷载的方法有两类：一是根据静力平衡和极限平衡条件建立微分方程，根据边界条件求出地基整体达到极限平衡时各点应力的精确解，此法在简单条件下可得到解析解，其他情况下求解困难，故不常用。二是假定滑动面法，即先假设滑动面的形状，然后以滑动面所包围的土体作为隔离体，根据静力平衡条件求出极限荷载，此法概念明确，计算简单，得到广泛应用。以下介绍有关承载力计算公式。

（1）普朗特（Prandtl）公式

普朗特根据塑性理论，在研究刚性物体压入均匀、各向同性、较软的无重量介质时，导出了介质达到破坏时的滑动面形状及相应的极限承载力公式。在求解极限承载力公式时，假定：

①地基土为无重量介质，即基底下土的重度为零，地基土为只有 c、φ 值的材料。

②基础底面光滑无摩擦力。

③荷载为无限长的条形荷载。当基础有埋深 d 时，基础底面以上的两侧土体可用当量均匀荷载 $q = \gamma d$ 代替。

根据弹塑性极限平衡理论及上述边界条件的假定，得出普朗特无质量介质地基的滑裂面如图 4-26 所示。滑裂面包围区域可分为朗肯主动区 Ⅰ、过渡区 Ⅱ 和朗肯被动区 Ⅲ（关于朗肯主动区和朗肯被动区的概念参考第五章有关内容）。滑动区 I 的边界 AD 或（A_1D）为直线,滑裂面与水平面的夹角为（$45° + \dfrac{\varphi}{2}$）。滑动区 II 的边界 DE 或（DE_1）为对数螺旋线 $r = r_0 e^{\theta \cdot \tan\varphi}$,式中 $r_0 = l_{AD} = l_{A_1D}$ 。滑裂区 III 的边界 EF 或（E_1F_1）为直线,滑裂面与水平夹角为（$45° - \dfrac{\varphi}{2}$）,如图 4-27 所示。

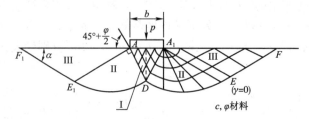

图 4-26　无质量介质地基的滑裂面图

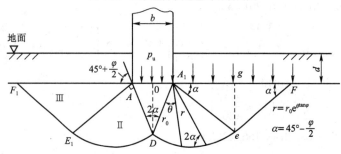

图 4-27　基础埋深 d 时无质量介质地基的滑裂面图

根据上述的假定,按静力平衡法（图 4-28）,可导出普朗特地基极限承载力公式:

$$p_u = \gamma d N_q + c N_c \tag{4-28}$$

式中: p_u ——地基的极限承载力;

　　γ ——基础两侧土的重度;

　　d ——基础的埋置深度;

N_q 、N_c ——承载力系数,是土的内摩擦角 φ 的函数。

$$N_q = e^{\pi\tan\varphi} \tan^2\left(45° + \frac{\varphi}{2}\right) \tag{4-29}$$

$$N_c = (N_q - 1) \cdot \cot\varphi \tag{4-30}$$

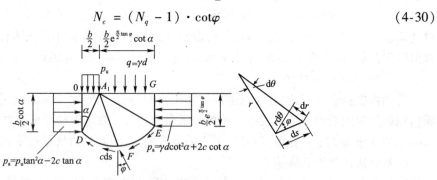

图 4-28　力平衡法求极限承载力

例 4-5　已知条形基础埋置深度 $d = 1.2\mathrm{m}$,黏性土地基 $\gamma = 17.8\mathrm{kN/m^3}$, $c = 12\mathrm{kPa}$, $\varphi = 20°$,求地基的极限承载力。

解 按普朗特公式(4-28)求解。

$$p_u = rdN_q + cN_c$$

$$= 17.8 \times 1.2 \times e^{\pi \cdot \tan 20°} \cdot \tan^2\left(45° + \frac{20°}{2}\right) + 12 \times \left[e^{\pi \tan 20°} \cdot \tan^2\left(45° + \frac{20°}{2}\right) - 1\right] \cdot \cot 20°$$

$$= 21.36 \times 6.4 + 12 \times 5.4 \times 2.75$$

$$= 136.7 + 178.04 = 314.74 \text{kPa}$$

从式(4-28)看出,基础直接坐落在无黏性土($c = 0$)的表面上($d = 0$)时,无黏性土地基承载力为零,这种不合理现象是普朗特公式推导前假设土为无质量介质而造成的。为了克服这一明显的缺陷,众多学者针对普朗特公式作了许多研究,取得了可喜的成绩,使承载力公式逐渐得到完善。

(2)太沙基公式

太沙基在普朗特研究的基础上作出如下假定:

①基础底面是粗糙的,即它与土之间存在摩擦力。地基模型试验说明,基础在荷载作用下向下移动时,地基土形成一个与基础一起竖直向下移动的弹性楔体(或称刚性核),如图4-29中的AA_1D所示,这部分土体不被破坏而处于弹性状态。

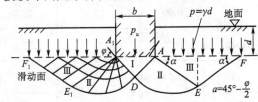

图4-29 太沙基公式假定的地基滑动面

②地基土是有重量的,但忽略地基土重度对滑裂面形状的影响。

③不考虑基底以上基础两侧土体抗剪强度的影响,基础底面以上两侧土体用均布荷载γd代替。

根据上述假定,滑动面的形状如图4-29所示,滑动土体共分三个区。

Ⅰ区为基础下的弹性楔体(刚性核)代替了普朗特解的朗肯主动区。根据几何条件,AD和A_1D面与基础底面的交角等于φ值。

Ⅱ区为过渡区,边界DE为对数螺旋曲线。D点处螺旋线的切线垂直,E点处螺旋线的切线与水平线成$\left(45° - \frac{\varphi}{2}\right)$角。

Ⅲ区为朗肯被动区,即处于被动极限平衡状态,滑动边界EF与水平面成$\left(45° - \frac{\varphi}{2}\right)$角。

弹性体形状确定后,根据其静力平衡条件,太沙基极限承载力p_u计算公式为:

$$p_u = cN_c + qN_q + \frac{1}{2}\gamma b N_\gamma \tag{4-31}$$

式中: p_u——地基极限承载力(kPa);

q——基底以上土体荷载(kPa),$q = \gamma d$;

b、d——分别为基底的宽度和埋置深度(m);

c——土的黏聚力(kPa);

N_c、N_q、N_γ——承载力系数,均为土的内摩擦角φ的函数。

其中:

$$N_q = \frac{e^{\left(\frac{3}{2}\pi - \varphi\right) \cdot \tan\varphi}}{2\cos^2\left(45° + \frac{\varphi}{2}\right)} \tag{4-32}$$

$$N_c = (N_q - 1)\cot\varphi \tag{4-33}$$

N_γ需用试算法求得。

N_c、N_q、N_γ值可直接从图4-30或表4-3中查取。

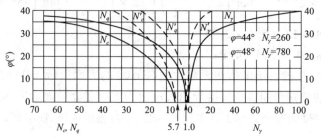

图4-30 太沙基承载力系数

太沙基承载力系数表　　　　　　表4-3

$\varphi(°)$	N_c	N_q	N_γ	$\varphi(°)$	N_c	N_q	N_γ
0	5.7	1.00	0.00	24	23.4	11.4	8.6
2	6.5	1.22	0.23	26	27.0	14.2	11.5
4	7.0	1.48	0.39	28	31.6	17.8	15.0
6	7.7	1.81	0.63	30	37.0	22.4	20.0
8	8.5	2.20	0.86	32	44.4	28.7	28.0
10	9.5	2.68	1.20	34	52.8	36.6	36.0
12	10.9	3.32	1.66	36	63.6	47.2	50.0
14	12.0	4.00	2.20	38	77.0	61.2	90.0
16	13.0	4.91	3.00	40	94.8	80.5	130.0
18	15.5	6.04	3.90	42	119.5	109.4	—
20	17.6	7.42	5.00	44	151.0	147.0	—
22	20.2	9.17	6.50	45	172.0	173.0	326.0

式(4-31)只适用于地基土发生整体剪切破坏的情况。对于局部剪切破坏,太沙基建议仍然可以用式(4-31)计算极限承载力,但要把土的强度指标按以下方法进行折减:

$$c' = \frac{2}{3}c$$

$$\tan\varphi' = \frac{2}{3}\tan\varphi \text{ 或 } \varphi' = \arctan\left(\frac{2}{3}\tan\varphi\right)$$

代入式(4-31)整理后得局部剪切破坏时的极限承载力:

$$p_u = \frac{2}{3}cN'_c + qN'_q + \frac{1}{2}rbN'_\gamma \tag{4-34}$$

式中：N'_c、N'_q、N'_γ——局部剪切破坏的承载力系数。

由于降低了土的内摩擦角 φ 值,故 N'_c、N'_q、N'_γ 系数小于相应的 N_c、N_q、N_γ。修正后的 N'_c、N'_q、N'_γ 可从图4-30中虚线查取。在使用图4-30时必须注意,当用 φ 值时,应查图中的虚线;但若用降低后的 φ' 值时,则应查图中的实线。

式(4-31)、式(4-34)仅适用于条形基础,关于方形或圆形基础,太沙基建议按以下修正公式计算地基极限承载力。

圆形基础：

$$p_u = 1.2cN_c + qN_q + 0.6\gamma RN_\gamma（整体破坏）\qquad(4-35)$$

$$p_u = 1.2c'N'_c + qN'_q + 0.6\gamma RN'_\gamma（局部破坏）\qquad(4-36)$$

方形基础：

$$p_u = 1.2cN_c + qN_q + 0.4\gamma bN_\gamma（整体破坏）\qquad(4-37)$$

$$p_u = 1.2c'N'_c + qN'_q + 0.4\gamma bN'_\gamma（局部破坏）\qquad(4-38)$$

式中：R——圆形基础半径;

其余符号意义同前。

从图4-30曲线可以看出,当 φ 值大于25°以后,N_γ 值增加极快,说明砂土地基上,基础的宽度对极限承载力影响很大。对于饱和软黏土 φ 值为零,这时 N_γ 近似为零,N_q 为1,N_c 为5.7,由式(4-31)可得软黏土地基上的极限承载力为：

$$p_u \approx q + 5.70c \qquad(4-39)$$

从式(4-39)可知,软黏土地基极限承载力与基础宽度无关。

通过上述公式计算出的极限承载力,除以安全系数 K,即可得到地基的承载力特征值,K 一般取 2~3。

例4-6 基础和地基情况如例4-3,试用太沙基极限承载力公式求地基的极限承载力。

解 已知：

$$q = rd = 19 \times 2 = 38kN/m^2$$

$$c = 15kN/m^2, \varphi = 13°, b = 4m$$

查图4-30或表4-4,得：$N_c = 11.45$,$N_q = 3.66$,$N_\gamma = 2.90$,代入式(2-28)得：

$$p_u = cN_c + qN_q + \frac{1}{2}\gamma bN_\gamma = 15 \times 11.45 + 38 \times 3.66 + \frac{1}{2} \times 19 \times 4 \times 2.93$$

$$= 422.17kN/m^2$$

（3）按强度理论公式确定地基承载力

《规范》规定,当偏心距 e 小于或等于0.033倍基础底面宽度时,根据土的抗剪强度指标确定地基承载力特征值可按下式计算,并应满足变形要求：

$$f_a = M_b\gamma b + M_d\gamma_m d + M_c c_k \qquad(4-40)$$

式中：f_a——由土的抗剪强度指标确定的地基承载力特征值;

M_b、M_d、M_c——承载力系数,按表4-4确定;

b——基础底面宽度,大于6m时按6m取值,对于砂土小于3m时按3m取值;

c_k——基底下1倍短边宽深度内土的黏聚力标准值(kPa);

γ——基础底面以下土的重度(kN/m³),地下水位以下取浮重度;

d——基础埋置深度(m);

γ_m——基础底面以上土的加权平均重度(kN/m³),地下水位以下取浮重度。

承载力系数 M_b、M_d、M_c 表 4-4

土的内摩擦角标准值 φ_k (°)	M_b	M_d	M_c	土的内摩擦角标准值 φ_k (°)	M_b	M_d	M_c
0	0	1.00	3.14	22	0.61	3.44	6.04
2	0.03	1.12	3.32	24	0.80	3.87	6.45
4	0.06	1.25	3.51	26	1.10	4.37	6.90
6	0.10	1.39	3.71	28	1.40	4.93	7.40
8	0.14	1.55	3.93	30	1.90	5.59	7.95
10	0.18	1.73	4.17	32	2.60	6.35	8.55
12	0.23	1.94	4.42	34	3.40	7.21	9.22
14	0.29	2.17	4.69	36	4.20	8.25	9.97
16	0.36	2.43	5.00	38	5.00	9.44	10.80
18	0.43	2.72	5.31	40	5.80	10.84	11.73
20	0.51	3.06	5.66				

注：φ_k——基底下 1 倍短边宽深度内土的内摩擦角标准值。

◆ 请练习[思考题 4-7]

本章小结

1. 抗剪强度的定义

土体抵抗剪切破坏的极限能力。

2. 库仑公式

$$\tau_f = c + \sigma \tan\varphi$$

3. 极限平衡条件

土的应力极限平衡条件是土体强度的理论基础,运用极限平衡条件,可以判断土中任一点的应力是否达到破坏状态;也可以求出土体处于破坏状态下剪切破坏面的方位和应力值。其表达式为 $\sigma_1 = \sigma_3 \tan^2\left(45° + \dfrac{\varphi}{2}\right) + 2c\tan\left(45° + \dfrac{\varphi}{2}\right)$ 或 $\sigma_3 = \sigma_1 \tan^2\left(45° - \dfrac{\varphi}{2}\right) - 2c\tan\left(45° - \dfrac{\varphi}{2}\right)$。

4. 强度指标的测定方法

(1)直接剪切试验。

(2)三轴压缩试验。

(3)无侧限抗压强度试验。

(4)十字板剪切试验——适用于饱和软黏土。

5. 土的剪切特性

(1)黏性土的剪切性状

黏性土的剪切性状极为复杂,一般常用重塑土的强度特征近似阐明原状土的强度特征。通常采用以下试验方法进行分析:

①不固结不排水剪(UU)。

②固结不排水剪(CU)。

③固结排水剪(CD)。

(2)砂性土的剪切性状

①砂性土的内摩擦角——受其初始孔隙比、土粒形状和土的级配的影响较大,受含水率的影响较小。

②剪胀性——是指土受剪切时不仅产生形状的变化,还要产生体积的变化,包括体积剪胀和体积剪缩的性质。

③砂土液化——砂土液化是指由砂土和粉土颗粒为主所组成的松散饱和土体在静力、渗流尤其在动力作用下从固体状态转变为流动状态的现象。

6.地基承载力的确定方法

(1)按塑性区的发展范围确定地基承载力。

(2)按极限荷载确定地基承载力。

①普朗特方法——以研究刚性基础压入半无限无质量介质为对象,推导出介质达到破坏时的滑动面形状和极限压应力公式。

②太沙基方法——充分考虑基底与土之间的摩擦力,致使基底下的一部分土不发生破坏,处于弹性平衡状态,该部分土被称为"弹性核"。太沙基方法以研究"弹性核"的静力平衡为出发点,推导出极限承载力计算公式。

(3)按规范确定地基承载力。

思 考 题

4-1　同钢材、混凝土等建筑材料相比,土的抗剪强度有何特点? 同一种土其强度值是否是一个定值? 为什么?

4-2　影响土的抗剪强度的因素有哪些?

4-3　什么是土中一点的极限平衡条件? 如何表达?

4-4　如何理解不同的试验方法会有不同的土的强度,工程上如何选用?

4-5　地基破坏类型有几种?

4-6　临塑荷载 p_{cr}、临界荷载 $p_{1/3}$、$p_{1/4}$ 的意义。

4-7　试比较普朗特和太沙基极限承载力计算公式的形式。

习 题

4-1　某地基土样进行直剪试验,其结果是,在法向应力为 100kPa、200kPa、300kPa、400kPa 时,测得土的抗剪强度分别为 67kPa、119kPa、161kPa、215kPa。请用作图法求解土的抗剪强度指标 c、φ 值。若作用在土样中某平面上的正应力和剪应力分别为 220kPa 和 100kPa,试问是否会剪切破坏? 若土样中某平面上的正应力和剪应力分别为 180kPa 和 130kPa,该面是否会剪切破坏?

4-2　已知某地基土的内摩擦角为 35°,黏聚力为 60kPa,已知小主应力为 160kPa,问剪切破坏时的大主应力为多少?

4-3　土样内摩擦角为 26°,黏聚力为 20kPa,承受大主应力和小主应力分别为 450kPa、150kPa,试判断该土样是否达到极限平衡状态。

4-4　三轴试验数据如表 4-5 所示,试绘制 p-q 关系线并换算出 c、φ 值。

三轴试验数据 表4-5

土 样	$\frac{1}{2}(\sigma_1 + \sigma_3)$	$\frac{1}{2}(\sigma_1 - \sigma_3)$
1	230	90
2	550	190
3	900	300

4-5　一条形基础,宽度 $b = 3\text{m}$,埋深 $d = 2\text{m}$,建于均质黏性土地基上,地基上的容重 $\gamma = 19\text{kN/m}^3$,黏聚力 $c = 12\text{kPa}$,内摩擦角 $\varphi = 15°$。试求:

(1)临塑荷载 p_{cr} 和临界荷载 $p_{1/4}$;

(2)分别按普朗特和太沙基公式求极限承载力 p_u。

第五章 DISANZHANG

土压力与土坡稳定

本章导读

在土木工程实践中,经常遇到修建挡土结构物,用来支撑天然或人工斜坡不致坍塌,以保持土体稳定,这种挡土结构物称为挡土墙。挡土墙在工作时受到来自墙后填土的侧向作用力,即土压力的作用,它是设计挡土墙的断面和验算其稳定性的主要荷载。因此,在挡土墙的设计过程中,必须了解土压力的大小和分布。

土坡就是具有倾斜坡面的土体。坡体土体在自重或渗透力等荷载作用下产生剪应力,如果剪应力大于土的抗剪强度,就要发生剪切破坏,靠近坡面处剪切破坏面积很大,出现一部分土体相对于另一部分土体滑动的现象,称为滑坡。因此,边坡设计时,如何保证其稳定,不发生滑坡,是土坡稳定分析的研究内容。

本章首先介绍土压力的类型和影响因素,重点阐述土压力的计算方法,并介绍常见的特殊情况下土压力的计算问题,介绍挡土墙设计过程中的验算方法,简要介绍土坡稳定分析的方法。

学习目标

1. 明确三种土压力的概念;
2. 熟练掌握朗肯土压力、库仑土压力的基本原理和计算方法及各种情况下土压力的计算;
3. 熟悉挡土墙的类型、构造和设计;
4. 掌握简单土坡稳定分析的方法。

学习重点

1. 朗肯土压力、库仑土压力的基本原理与计算方法;
2. 简单土坡稳定分析方法。

学习难点

朗肯土压力、库仑土压力的理论与计算方法

**本章学习计划**

内　　容	建议自学时间（学时）	学 习 建 议	学 习 记 录
第一节　土压力的种类与影响因素	0.25	1.弄清楚土压力的种类；2.掌握朗肯土压力理论与计算方法	
第二节　静止土压力的计算	0.25		
第三节　朗肯土压力理论	1.5		
第四节　库仑土压力理论	1.5	掌握库仑土压力理论并与朗肯土压力理论对比,分析两种理论的差异	
第五节　特殊情况下的土压力计算	1.0	熟知特殊情况下的土压力计算	
第六节　挡土墙稳定性分析	1.5	熟知挡土墙稳定性分析的目的	
第七节　土坡稳定分析	2	熟知瑞典圆弧法,掌握确定最危险滑动面圆心的经验方法	

第一节 土压力的种类与影响因素

在土木、交通、水利、港口航道等工程中,为了阻挡土体的下滑或截断土坡的延伸,常常设置各式各样的挡土结构物(或称挡土墙),例如:平整场地时填方区使用的挡墙、房屋地下室的侧墙、水闸的岸墙、桥梁的桥台以及支撑基坑或边坡的板桩墙。另外,散粒的储仓、筒仓等亦按挡土墙理论进行分析计算,见图5-1。

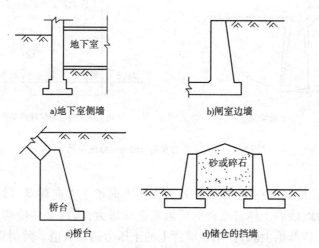

a)地下室侧墙   b)闸室边墙

c)桥台   d)储仓的挡墙

图5-1 挡土墙应用举例

土压力是指挡土墙墙后填土对墙背产生的侧压力。由于土压力是挡土墙的主要外荷载,因此,设计挡土墙时首先要确定作用在墙背上土压力的性质、大小、方向和作用点。土压力的计算是个比较复杂的问题,它涉及填料、挡墙以及地基三者之间的相互作用。它不仅与挡墙的高度、结构形式、墙后填料的性质、填土面的形状及荷载情况有关,而且还与挡墙的位移大小和方向以及填土的施工方法等有关。

一、土压力的种类

根据挡土墙的位移情况和墙后土体所处的应力状态,土压力分为静止土压力、主动土压力和被动土压力三种。

1.静止土压力

当挡土墙在土压力作用下无任何方向的位移或转动而保持原来的位置,土体处于静止的弹性平衡状态,此时墙背所受的土压力称为静止土压力,用 E_0 表示,如图 5-2a)所示。如船闸的边墙、地下室的侧墙、涵洞的侧墙以及其他不产生位移的挡土构筑物,通常可视为受静止土压力作用。

2.主动土压力

当挡墙在土压力作用下,向离开土体方向移动或转动时,随着位移量的增加,墙后土压力逐渐减小,当位移量达某一数值时,墙后土体达到主动极限平衡状态,土体开始下滑,作用在墙背上的土压力达最小值。此时作用在墙背上的土压力称为主动土压力,用 E_a 表示,如图 5-2b)所示。多数挡墙均按主动土压力计算。

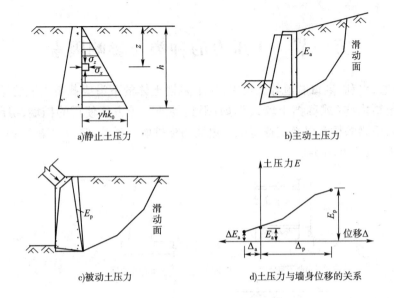

a)静止土压力 b)主动土压力

c)被动土压力 d)土压力与墙身位移的关系

图 5-2　三种土压力及其与墙身位移的关系

3. 被动土压力

与产生主动土压力的情况相反,挡墙在外力作用下向填土方向移动或转动时,墙推向土体,随着向后位移量的增加,墙后土体对墙背的反力也逐渐增大,当达某一位移量时,墙后土体达到被动极限平衡状态,土体开始上隆,作用在墙背上的土压力达最大值。此时作用在墙背上的土压力称为被动土压力,用 E_p 表示,如图 5-2c)所示。如桥台受到桥上荷载的推力作用,作用在台背上的土压力可按被动土压力计算。

试验研究表明,在相同的墙高和填土条件下,主动土压力小于静止土压力,而静止土压力又小于被动土压力,即 $E_a < E_0 < E_p$。而且产生被动土压力所需的位移量 $\Delta\delta_p$ 比产生主动土压力所需的位移量 $\Delta\delta_a$ 要大得多。三种土压力与挡墙的位移关系以及它们之间的大小可用图 5-2d)所示曲线表示。

◈ **请练习**[思考题 5-1]

二、土压力的影响因素

影响土压力大小的因素主要可以归纳为以下几方面:

(1)挡土墙的位移。挡土墙的位移方向和位移量的大小,是影响土压力大小的最主要因素。

(2)挡土墙的形状。挡土墙的剖面形状,包括墙背是竖直或是倾斜、墙背是光滑或是粗糙,都影响土压力的大小。

(3)填土的性质。挡土墙后填土的性质包括:填土的松密程度、干湿程度、土的强度指标的大小,以及填土表面的形状(水平、上斜等),它们均影响土压力的大小。

由此可见,土压力的大小及其分布规律受到墙体可能位移的方向、墙后填土的性质、填土面的形状、墙的截面刚度和地基的变形等一系列因素影响。

◈ **请练习**[思考题 5-2]

第二节　静止土压力的计算

一、产生的条件

静止土压力产生的条件是挡土墙无任何方向的移动或转动,即位移和转角均为零。

对于修筑在坚硬地基上,断面很大的挡土墙背上的土压力,可以认为是静止土压力。例如,岩石地基上的重力式挡土墙符合上述条件。由于墙的自重大,不会发生位移,又因地基坚硬,不会产生不均匀沉降,墙体不会产生转动,挡土墙背面的土体处于静止的弹性平衡状态,因此,挡土墙背上的土压力即为静止土压力。

二、计算公式

静止土压力可按下述方法计算。在填土表面下任意深度 z 处取一微小单元体[图5-2a)],其上作用着竖向的土自重应力 $\sigma_{cz} = \gamma z$,水平向的土自重应力就是该处的静止土压力强度 σ_0 ,可按下式计算:

$$\sigma_0 = K_0 \gamma \cdot z \tag{5-1}$$

式中:K_0 ——土的侧压力系数或称静止土压力系数;

　　　γ ——墙后填土的重度(kN/m^3)。

静止土压力系数 K_0 与土的性质、密实程度等因素有关,一般砂土可取 $K_0 = 0.35 \sim 0.50$;黏性土取 $K_0 = 0.50 \sim 0.70$;对正常固结土,K_0 可近似地按半经验公式 $K_0 = 1 - \sin\varphi'$ (φ' 为土的有效内摩擦角)计算;K_0 也可以在室内用 K_0 试验仪直接测定。

由式(5-1)可知,静止土压力沿墙高呈三角形分布[图5-2a)],如取纵向单位墙长计算,则作用在墙背上的静止土压力的合力大小为:

$$E_0 = \frac{1}{2}\gamma h^2 K_0 \tag{5-2}$$

式中:h ——挡土墙高度(m)。

E_0 的作用点在距墙底 $h/3$ 处,方向水平并指向挡土墙。

第三节　朗肯土压力理论

朗肯土压力理论是根据弹性半空间土体中的应力状态和土的极限平衡理论而得出的土压力计算方法。为了满足土体的极限平衡条件,朗肯在基本理论推导中,作了如下假定:

(1)墙是刚性的,墙背铅直。

(2)墙后填土面水平。

(3)墙背光滑,与填土之间没有摩擦力。

一、主动土压力

1. 基本概念

图5-3a)表示表面为水平的半无限空间体,由第二章知,距弹性半空间土体表面深度 z 处的

微单元体 M ,其上竖向自重应力和水平自重应力分别为 $\sigma_{cz} = \gamma z$, $\sigma_{cx} = K_0 \gamma z$,由于土体内每一竖直面都是对称面,因此竖直面和水平面上的剪应力都等于 0。因而 M 点处于主应力状态, σ_{cz} 和 σ_{cx} (以下简写为 σ_z 和 σ_x)分别为大、小主应力。

假设有一挡墙,墙背竖直、光滑、填土面水平。根据这些假定,墙背与填土间无摩擦力,因而无剪应力,亦即墙背为主应力作用面。设想用挡墙代替 M 点左侧的土体,墙背如同半空间土体内的一铅直面,如果挡墙无位移,墙后土体处于弹性状态,则墙背上的应力状态与弹性半空间土体的应力状态相同。在离填土面深度 z 处的 M 点, $\sigma_z = \sigma_1 = \gamma z$, $\sigma_x = \sigma_3 = K_0 \gamma z$,用 σ_1 与 σ_3 做成的莫尔应力圆与土的抗剪强度线不相切,如图 5-3d)中圆 I 所示。

当挡墙离开土体向左移动时[图 5-3b)],墙后土体有向外移动趋势,此时竖向应力 σ_z 不变,水平应力 σ_x 减小, σ_z 和 σ_x 仍为大小主应力。当挡墙位移达到 $\Delta\delta_a$ 时,墙后土体达到极限平衡状态, σ_x 达到最小值, σ_z 与 σ_x 做成的莫尔应力圆与抗剪强度包线相切[图 5-3d)中圆 II]。墙后土体形成一系列剪切破坏面,面上各点都处于极限平衡状态,称为朗肯主动状态。此时墙背上水平向应力 σ_x 为最小主应力,即朗肯主动土压力强度 σ_a 。由于土体处于朗肯主动状态时大主应力作用面是水平面,故剪切破坏面与水平面的夹角为 $\alpha = 45° + \dfrac{\varphi}{2}$ 。

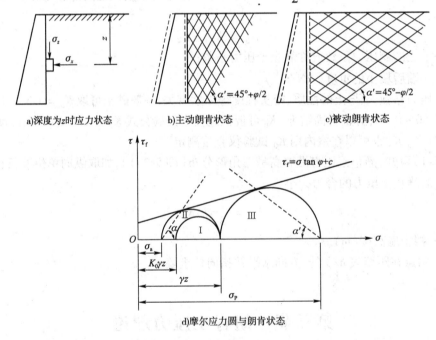

a)深度为z时应力状态　　b)主动朗肯状态　　c)被动朗肯状态

d)摩尔应力圆与朗肯状态

图 5-3　朗肯极限平衡状态

2.计算公式

根据土的强度理论(第四章),当土体中某点处于极限平衡状态时,大、小主应力应满足以下关系式。

黏性土:

$$\sigma_1 = \sigma_3 \tan^2\left(45° + \frac{\varphi}{2}\right) + 2c\tan\left(45° + \frac{\varphi}{2}\right) \tag{5-3a}$$

或

$$\sigma_3 = \sigma_1 \tan^2\left(45° - \frac{\varphi}{2}\right) - 2c\tan\left(45° - \frac{\varphi}{2}\right) \tag{5-3b}$$

无黏性土:

$$\sigma_1 = \sigma_3 \tan^2\left(45° + \frac{\varphi}{2}\right) \tag{5-4a}$$

或

$$\sigma_3 = \sigma_1 \tan^2\left(45° - \frac{\varphi}{2}\right) \tag{5-4b}$$

如前所述,当墙背竖直光滑,填土面水平(图5-4),挡墙向左移动达到主动朗肯状态时,墙背上任一深度 z 处的主动土压力强度为极限平衡状态时的小主应力,即 $\sigma_a = \sigma_3$,与其相应的大主应力 $\sigma_1 = \gamma z$,故可得朗肯主动土压力强度 σ_a 计算式如下。

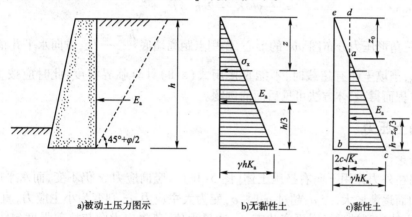

a)被动土压力图示   b)无黏性土   c)黏性土

图5-4 朗肯主动土压力状态

黏性土:

$$\sigma_a = \sigma_1 \tan^2\left(45° - \frac{\varphi}{2}\right) - 2c\tan\left(45° - \frac{\varphi}{2}\right) = \gamma z K_a - 2c\sqrt{K_a} \tag{5-5}$$

无黏性土:

$$\sigma_a = \gamma z K_a \tag{5-6}$$

式中: K_a ——朗肯主动土压力系数, $K_a = \tan^2\left(45° - \frac{\varphi}{2}\right)$;

　　　c ——填土的黏聚力(kPa);

　　　φ ——填土的内摩擦角(°);

　　　γ ——填土的重度(kN/m^3),地下水位以下用浮重度。

由式(5-6)可知,无黏性土的主动土压力强度与 z 成正比,沿墙高的压力分布为三角形[图5-4b)],如取单位墙长计算,则主动土压力 E_a 的大小为:

$$E_a = \frac{1}{2}\gamma h^2 K_a \tag{5-7}$$

且 E_a 通过三角形压力分布图的形心,即作用点距墙底 $h/3$ 处,方向水平并指向挡土墙。

由式(5-5)知,黏性土的主动土压力强度由两部分组成,一部分是由土的自重引起的土压力 $\gamma z K_a$;另一部分是由土的黏聚力 c 引起的负侧压力 $2c\sqrt{K_a}$,这两部分土压力叠加的结果如图5-4c)所示。图中 ade 部分土压力为负,即拉力,因而 σ_a 随深度 z 增加会逐渐由负值变小而等于0。实际上挡土墙与填土之间是不能承担拉力的,由于产生的拉力将使土脱离墙体,故计算土压力时,该部分应略去不计。因此黏性土的土压力分布实际为 abc 部分。a 点离填土面的深度 z_0 称为

临界深度,在填土面无荷载的情况下,可令式(5-5) $\sigma_a = 0$,即:

$$\gamma z_0 K_a - 2c \sqrt{K_a} = 0$$

故临界深度:

$$z_0 = \frac{2c}{\gamma \sqrt{K_a}} \tag{5-8}$$

若取单位墙长计算,则主动土压力 E_a 为:

$$E_a = \frac{1}{2}(h - z_0)(\gamma h K_a - 2c \sqrt{K_a})$$

$$= \frac{1}{2}\gamma h^2 K_a - 2ch \sqrt{K_a} + \frac{2c}{\gamma} \tag{5-9}$$

E_a 通过三角形压力分布图 abc 的形心,作用点距离墙底 $\frac{h - z_0}{3}$ 处,方向水平并指向挡土墙。

尚须注意,当填土面有超载时,不能直接用式(5-8)计算临界深度,此时应按 z_0 处侧压力 $\sigma_a = 0$ 求解方程而得,具体方法可见后面的例题。

二、被动土压力

1. 基本概念

如果挡墙在外力作用下向右挤压土体[图5-3c)],竖向应力 σ_z 仍不变,而水平应力 σ_x 随着挡墙位移增加而逐渐增大,当 σ_x 超过 σ_z 时, σ_x 变为大主应力, σ_z 则变为小主应力,直到挡墙位移达到 $\Delta\delta_p$ 时,土体达到被动极限平衡状态, σ_x 达最大值,莫尔应力圆与抗剪强度包线相切[图5-3d)中圆Ⅲ]。土体形成一系列剪切破坏面,此种状态称为朗肯被动状态。此时墙背上水平应力 σ_x 为最大主应力,即朗肯被动土压力强度 σ_p 。因土体处于朗肯被动状态时,大主应力作用面是竖直面,故剪切破坏面与水平面的夹角为 $\alpha' = 45° - \frac{\varphi}{2}$ 。

2. 计算公式

如前所述,当挡墙在外力作用下向右挤压土体达到被动朗肯状态时,墙背上任一深度 z 处的被动土压力强度为极限平衡状态时的大主应力,即 $\sigma_p = \sigma_1$,与其相应的小主应力 $\sigma_3 = \gamma z$,于是由式(5-3a)和式(5-4a)可得朗肯被动土压力强度计算式如下。
黏性土:

$$\sigma_p = \sigma_3 \tan^2\left(45° + \frac{\varphi}{2}\right) + 2c\tan\left(45° + \frac{\varphi}{2}\right) = \gamma z K_p + 2c \sqrt{K_p} \tag{5-10}$$

无黏性土:

$$\sigma_p = \gamma z \tan\left(45° + \frac{\varphi}{2}\right) = \gamma z K_p \tag{5-11}$$

式中: K_p ——朗肯被动土压力系数, $K_p = \tan^2\left(45° + \frac{\varphi}{2}\right)$;

其余符号含义同前。

由式(5-10)和式(5-11)知,无黏性土的被动土压力强度呈三角形分布[图5-5b)],黏性土的被动土压力强度则呈梯形分布[图5-5c)]。如取单位墙长计算,则被动土压力 E_p 计算式如下。
黏性土:

$$E_p = \frac{1}{2}\gamma h^2 K_p + 2ch \sqrt{K_p} \tag{5-12}$$

无黏性土：

$$E_{\mathrm{p}} = \frac{1}{2}\gamma h^2 K_{\mathrm{p}} \tag{5-13}$$

E_{p} 通过三角形或梯形压力分布图的形心，方向水平并指向挡土墙。

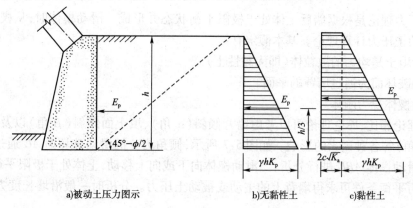

a)被动土压力图示　　　b)无黏性土　　　c)黏性土

图5-5　朗肯被动土压力状态

　　朗肯土压力理论应用弹性半空间体的应力状态，根据土的极限平衡理论推导和计算土压力。其概念明确，计算公式简便，但由于假定墙背竖直、光滑、填土面水平，使计算条件和适用范围受到限制，计算结果与实际有出入，所得主动土压力值偏大，被动土压力值偏小，其结果偏于安全。

　　例5-1　某挡土墙，高6m，墙背直立光滑，填土面水平。填土的物理力学性质指标为 $c = 10\mathrm{kPa}$，$\varphi = 20°$，$\gamma = 18\mathrm{kN/m^3}$，试求主动土压力及作用点，并绘出土压力强度分布图。

　　解　由已知该墙满足朗肯条件，故可按朗肯土压力公式计算沿墙高的主动土压力强度：

$$K_{\mathrm{a}} = \tan^2\left(45° - \frac{\varphi}{2}\right) = \tan^2\left(45° - \frac{20°}{2}\right) = 0.49$$

墙顶处：

$$\sigma_{\mathrm{a}} = \gamma z K_{\mathrm{a}} - 2c\sqrt{K_{\mathrm{a}}} = 18 \times 0 \times 0.49 - 2 \times 10\sqrt{0.49} = -14\mathrm{kPa}$$

因在墙顶处出现拉力，故须计算临界深度 z_0，由式(5-5)得：

$$\gamma z_0 K_{\mathrm{a}} - 2c\sqrt{K_{\mathrm{a}}} = 0$$

$$z_0 = \frac{2 \times 10\sqrt{0.49}}{18 \times 0.49} = 1.59\mathrm{m}$$

墙底处：

$$\sigma_{\mathrm{a}} = \gamma h K_{\mathrm{a}} - 2c\sqrt{K_{\mathrm{a}}}$$
$$= 18 \times 6 \times 0.49 - 2 \times 10\sqrt{0.49} = 38.9\mathrm{kPa}$$

土压力分布图如图5-6所示，其主动土压力 E_{a} 的大小为：

$$E_{\mathrm{a}} = \frac{1}{2} \times 38.9 \times (6 - 1.59) = 85.8\mathrm{kN/m}$$

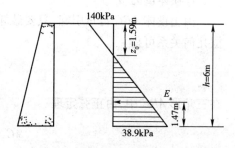

图5-6　土压力分布

E_{a} 作用点距墙底的距离为 $\dfrac{h - z_0}{3} = \dfrac{6 - 1.59}{3} = 1.47\mathrm{m}$，

方向水平指向挡土墙。

第四节　库仑土压力理论

　　库仑土压力理论是根据墙后土体处于极限平衡状态并形成一滑动楔体时,从楔体的静力平衡条件得出的土压力计算理论。基本假定有:

　　(1)墙后填土是均匀的散粒体(即无黏性土)。

　　(2)滑动破坏面为通过墙踵的平面。

　　(3)滑动楔体视为刚体。

　　与朗肯理论相比,库仑理论可以考虑墙背倾斜(α 角)、填土面倾斜(β 角)以及墙背与填土间的摩擦(δ 角)等各种因素的影响。如图5-7所示,倾角为 θ 的滑动破坏面 AC 通过墙踵 A 点,库仑取墙后滑动楔体 ABC 进行分析,当滑动楔体向下或向上移动,土体处于极限平衡状态时,根据楔体的静力平衡条件可求得墙背上的主动或被动土压力。分析时一般沿墙长度方向取1m墙长计算。

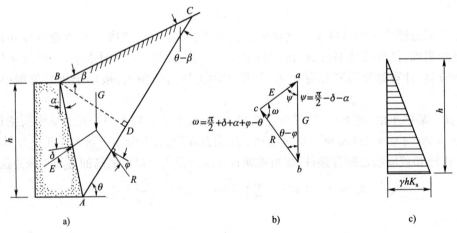

图5-7　库仑主动土压力计算图

一、主动土压力

　　如图5-7所示,当楔体 ABC 向下滑动处于极限平衡状态时,作用在楔体上的力有如下几种。

　　1. 楔体重力 G

　　由土楔体 ABC 自重引起,只要破坏面 AC 的位置一确定, G 的大小就是已知的,方向向下,根据几何关系可得:

$$G = \frac{1}{2}AC \cdot BD \cdot \gamma$$

在三角形 ABC 中,由正弦定理:

$$AC = AB\frac{\sin(90° - \alpha + \beta)}{\sin(\theta - \beta)}$$

又因:

$$AB = \frac{h}{\cos\alpha}$$

$$BD = AB\cos(\theta - \alpha) = h\frac{\cos(\theta - \alpha)}{\cos\alpha}$$

故：
$$G = \frac{1}{2}AC \cdot BD\gamma = \frac{\gamma h^2}{2}\frac{\cos(\alpha - \beta) \cdot \cos(\theta - \alpha)}{\cos^2\alpha \cdot \sin(\theta - \beta)}$$

2. AC 面反力 R

反力 R 为滑动破坏面的法向分力与破坏面上土体间的摩擦力的合力,其大小是未知的,但其方向则是已知的。反力 R 与破坏面 AC 的法线方向之间的夹角为土的内摩擦角 φ,当楔体下滑时,位于法线的下侧。

3. 墙背反力 E

它与作用在墙背上的土压力大小相等,方向相反。反力 E 与墙背 AB 的法线方向成 δ 角,δ 角为墙背与填土之间的摩擦角,称为外摩擦角。当楔体下滑时,墙对土楔的阻力是向上的,故 E 位于法线的下侧。

土楔体 ABC 在上述三力作用下处于静力平衡状态,因此三力必构成一闭合的力矢三角形 [图 5-7b)],由正弦定理得:

$$E = G\frac{\sin(\theta - \varphi)}{\sin\omega} = \frac{\gamma h^2}{2}\frac{\cos(\alpha - \beta)\cos(\theta - \alpha)\sin(\theta - \varphi)}{\cos^2\alpha\sin(\theta - \beta)\sin\omega} \tag{5-14}$$

式中：$\omega = \frac{\pi}{2} + \delta + \alpha + \varphi - \theta$。

上式中,γ、h、α、β、φ 及 δ 都是已知的,而滑动面 AC 与水平面的夹角 θ 则是任意假定的,因此,假定不同的滑动面可以得出一系列相应的土压力 E 值,即 E 是 θ 的函数。只有相应于 E 最大值 E_{max} 时的 θ 角倾斜面才是真正的滑动破坏面,相应的 E_{max} 才是所求墙背上的主动土压力。可用微分学中求极值的方法求得 E 的极大值,即令 $\frac{dE}{d\theta} = 0$,从而解得使 E 为极大值时填土的破坏角 θ_{cr},这才是真正滑动破坏面的倾角。将 θ_{cr} 代入式(5-14),经整理可得库仑主动土压力的一般表达式:

$$E_a = \frac{1}{2}\gamma h^2 K_a \tag{5-15}$$

其中：
$$K_a = \frac{\cos^2(\varphi - \alpha)}{\cos^2\alpha\cos(\alpha + \delta)\left[1 + \sqrt{\dfrac{\sin(\varphi + \delta)\sin(\varphi - \beta)}{\cos(\alpha + \delta)\cos(\alpha - \beta)}}\right]^2} \tag{5-16}$$

式中：α ——墙背与竖直线的夹角(°),俯斜时取正号,仰斜时取负号;

　　　β ——墙后填土面的倾角(°);

　　　δ ——土与墙背材料间的外摩擦角(°);

　　　K_a ——库仑主动土压力系数,可由上面的公式计算,也可查表。

当墙背直立($\alpha = 0$)、光滑($\delta = 0$)、填土面水平($\beta = 0$)时,式(5-16)变为:

$$K_a = \tan^2\left(45° - \frac{\varphi}{2}\right)$$

可见满足朗肯理论假设时,库仑理论与朗肯理论的主动土压力计算公式相同。

墙顶以下任意深度 z 以上的主动土压力由式(5-15)变为:

$$E_{a(z)} = \frac{1}{2}\gamma z^2 K_a$$

将上式对 z 求导数,得到主动土压力强度沿墙高的分布计算公式:

$$\sigma_a = \frac{dE_{a(z)}}{dz} = \frac{d}{dz}\left(\frac{1}{2}\gamma z^2 K_a\right) = \gamma z K_a \tag{5-17}$$

可见,库仑主动土压力强度沿墙高呈三角形分布[图5-7c)],E_a 的作用方向位于墙背法线的上方,与墙背法线之间的夹角为 δ,作用点距墙底 $h/3$ 处。必须注意,图中所示的土压力分布图只表示其大小,而不代表其作用方向。

二、被动土压力

当挡墙在外力作用下挤压土体,楔体沿破坏面向上滑动而处于极限平衡状态时,由于楔体上滑,E 和 R 均位于法向线的上侧,同理可得作用在楔体上的三力构成的力矢三角形如图5-8b)所示。按求主动土压力相同的方法求得被动土压力 E_p 的库仑公式为:

$$E_p = \frac{1}{2}\gamma h^2 K_p \tag{5-18}$$

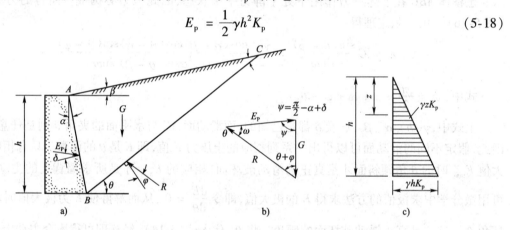

图5-8 库仑被动土压力计算图

式中:K_p——库仑被动土压力系数。

$$K_p = \frac{\cos^2(\varphi + \alpha)}{\cos^2\alpha\cos(\alpha - \delta)\left[1 - \sqrt{\dfrac{\sin(\varphi + \delta)\sin(\varphi + \beta)}{\cos(\alpha - \delta)\sin(\alpha - \beta)}}\right]^2} \tag{5-19}$$

若墙背竖直($\alpha = 0$)、光滑($\delta = 0$)以及墙后填土面水平($\beta = 0$),则式(5-19)变为:

$$K_p = \tan^2\left(45° + \frac{\varphi}{2}\right)$$

显然,当满足朗肯理论条件时,库仑理论与朗肯理论的被动土压力计算公式也相同。由此可见,朗肯理论实际上是库仑土压力理论的特例。

同理,墙顶以下任意深度 z 处的库仑被动土压力强度计算公式为:

$$\sigma_p = \frac{dE_{p(z)}}{dz} = \frac{d}{dz}\left(\frac{1}{2}\gamma z^2 K_p\right) = \gamma z K_p \tag{5-20}$$

被动土压力强度沿墙高也呈三角形分布[图5-8c)],E_p 的作用方向位于墙背法线的下方,与墙背法线夹角为 δ,作用点距墙底 $h/3$ 处。

例5-2 如图5-9所示,挡土墙高 $h = 5m$,墙背俯斜,倾角 $\alpha = 10°$,填土面坡角 $\beta = 30°$,墙后

填料为粗砂,重度 $\gamma = 18\,\text{kN/m}^3$, $\varphi = 36°$,砂与墙背间摩擦角 $\delta = \dfrac{2}{3}\varphi$,试用库仑公式求作用在墙背上的主动土压力 E_a。

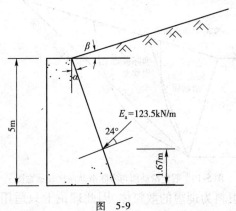

图　5-9

解　已知墙背与填土间摩擦角 $\delta = \dfrac{2}{3}\varphi = 24°$ 及 $\alpha = 10°$, $\beta = 30°$, $\varphi = 36°$,故库仑主动土压力系数为:

$$K_a = \frac{\cos^2(36° - 10°)}{\cos^2 10° \cos(10° + 24°)\left[1 + \sqrt{\dfrac{\sin(36° + 24°)\sin(36° - 30°)}{\cos(10° + 24°)\cos(10° - 30°)}}\right]^2}$$

$$= \frac{0.808}{0.985 \times 0.829\left[1 + \sqrt{\dfrac{0.866 \times 0.105}{0.829 \times 0.94}}\right]^2} = 0.549$$

主动土压力:$E_a = \dfrac{1}{2}\gamma h^2 K_a = \dfrac{1}{2} \times 18 \times 5^2 \times 0.549 = 123.5\,\text{kN/m}$

E_a 的作用点距墙底 $\dfrac{5}{3} = 1.67m$,作用方向位于墙背法线的上方,与墙背法线的夹角为 $24°$。

三、土压力计算中的几个应用问题

　　库仑与朗肯土压力理论是两种经典土压力理论。朗肯土压力理论是从分析墙后填土中一点的应力状态出发,求得作用在墙背上主动土压力强度和被动土压力强度;而库仑土压力理论则是从分析墙后楔形滑动土体的极限平衡条件并假定滑动面为平面,直接求得作用在墙背上的主动土压力合力和被动土压力合力。当墙背直立、光滑、墙后填土面水平,对于无黏性填土,用两种分析方法算出的主动土压力、被动土压力分别相同。尽管朗肯理论比较符合实际土体中应力调整过程,但对于墙截面形状复杂、墙背与填土间摩擦不能忽略,以及填土表面有不规则超载等特殊情况时,难以用朗肯理论直接计算土压力,因此在工程中,库仑土压力公式得到广泛应用。为了避免烦琐计算,有些设计手册和参考书给出了根据式(5-16)和式(5-19)编制的库仑主动土压力系数 K_a 及被动土压力系数 K_p 值表格。

　　土压力具体计算时,应考虑以下几个问题。

　　(1)库仑土压力理论假定滑动面是平面,而实际的滑动面常为曲面,只有当墙背倾角 α 不大,墙背近似光滑,滑动面才可能接近平面,因此计算结果存在一定的偏差。根据试验和现场观测资料表明,计算主动土压力时偏差为 $2\% \sim 10\%$,可认为能够满足工程精度要求;但对计算被动土压力时,由于破坏面接近于对数螺线,计算结果误差较大,甚至比实测值大 2 ~ 3 倍。假定滑动面与实际滑动面的比较如图 5-10 所示。

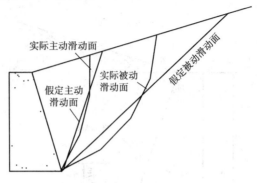

图 5-10 假定滑动面与实际滑动面比较示意图

(2)库仑理论假定墙后填料为理想的散粒体,因此理论上只适用于无黏性土,但实际工程中常不得不采用黏性填土,为了考虑黏性土的黏聚力 c 对土压力数值的影响,可以用图解试算办法,绘制力矢闭合多边形,确定主动土压力值,但这比较麻烦。另一种常用的简化方法,增大内摩擦角 φ,即采用"等值内摩擦角 φ_D",再按式(5-15)计算,但这种方法与实际情况差别较大,在低墙时偏于安全,在高墙时偏于危险。因此近年来较多学者在库仑理论的基础上,计入了墙后填土面超载、填土黏聚力、填土与墙背间的黏聚力以及填土表面附近的裂缝深度等的影响,提出了所谓的"广义库仑理论"。据此导出了主动土压力系数 K_a 的计算公式。由于篇幅有限,相关的内容请参阅有关文献。

(3)抗剪强度指标的选定:确定填土的抗剪强度指标是个很复杂的问题,其必须考虑挡墙在长期工作下墙后填土状态的变化及其长期强度下降的情况,方能保证挡墙的安全,根据国外研究成果,此数值约为标准抗剪强度的 $\frac{1}{3}$ 左右。有的规定填土的计算摩擦角为其标准值减去 2°,计算黏聚力为其标准值的(0.3~0.4)倍。根据大量挡土墙的调查,将土的试验值折算为相应的计算值进行挡墙设计,与实际情况比较相符。

(4)墙背与填土间摩擦角 δ:其取值大小对计算结果影响较大。根据计算,当填土为砂性土,δ 从 0° 提高到 15° 时,挡墙的圬工体积可减少 15% ~ 20%。δ 与墙背粗糙度、填土性质、填土表面倾斜程度、墙后排水条件等因素有关。如果墙背越粗糙,填土的 φ 值越大,则 δ 也越大。根据经验,δ 一般在 0 ~ φ 之间变化。《规范》规定的取值范围见表 5-1。

土对挡土墙墙背的摩擦角 δ 表 5-1

挡土墙情况	摩擦角 δ
墙背平滑,排水不良	$(0 \sim 0.33)\varphi_k$
墙背粗糙,排水良好	$(0.33 \sim 0.50)\varphi_k$
墙背很粗糙,排水良好	$(0.50 \sim 0.67)\varphi_k$
墙背与填土间不可能滑动	$(0.67 \sim 1.00)\varphi_k$

注:φ_k 为墙后填土的内摩擦角标准值。

◢ 请练习[思考题 5-3]

第五节　特殊情况下的土压力计算

一、填土表面有均布荷载

当墙后填土面有连续均布荷载 q 作用时,如图 5-11 所示,若墙背竖直光滑、填土面水平时,可采用朗肯理论计算,这时墙顶以下任意深度 z 处的竖向应力为 $\sigma_z = \gamma z + q$。当墙后填土为黏性土时,主动和被动土压力强度公式分别为:

$$\sigma_a = (\gamma z + q)K_a - 2c\sqrt{K_a} \tag{5-21}$$

$$\sigma_p = (\gamma z + q)K_p + 2c\sqrt{K_p} \tag{5-22}$$

若填土为无黏性土,式中第二项为 0。图 5-11 为无黏性土主动土压力分布图。E_a 通过梯形压力分布图的形心,可由合力矩定理得到。

可见,当填土面上有连续均布荷载时,其土压力强度只要在无荷载情况下再加上 qK_a 即可。对于黏性土填土情况亦是一样。

二、墙后填土为成层土

如果墙后填土有几种不同水平土层,如图 5-12 所示,第一层的土压力仍按均质计算;计算第二层土的土压力时,可将第一层土的重量 $\gamma_1 h_1$ 作为超载作用在第二层的顶面,并按第二层的指标计算土压力,但仅在第二层厚度范围内有效。由于各层土的性质不同,则土压力系数也不相同,因此在土层的分界面上将出现两个土压力值,一个是上层底面的土压力,另一个是下层顶面的土压力。

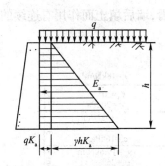

图 5-11　填土面有均布荷载

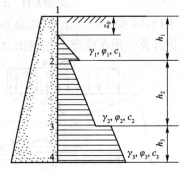

图 5-12　成层填土土压力计算

多层土时,计算方法相同。现以朗肯理论黏性土主动土压力为例,图 5-12 所示墙背上各点土压力为:

$$\sigma_{a1} = -2c_1\sqrt{K_{a1}}$$

$$\sigma_{a2}^{\pm} = \gamma_1 h_1 K_{a1} - 2c_1\sqrt{K_{a1}}$$

$$\sigma_{a2}^{\mp} = \gamma_1 h_1 K_{a2} - 2c_2\sqrt{K_{a2}}$$

$$\sigma_{a3}^{\pm} = (\gamma_1 h_1 + \gamma_2 h_2)K_{a2} - 2c_2\sqrt{K_{a2}}$$

$$\sigma_{a3}^{\mp} = (\gamma_1 h_1 + \gamma_2 h_2)K_{a3} - 2c_3\sqrt{K_{a3}}$$

$$\sigma_{a4} = (\gamma_1 h_1 + \gamma_2 h_2 + \gamma_3 h_3)K_{a3} - 2c_3 \sqrt{K_{a3}}$$

无黏性土时,只需令上述各式中 $c_i = 0$ 即可。

三、墙后填土有地下水

填土中存在地下水时,给土压力主要带来三方面的影响:

(1)地下水位以下的填土重度减轻为浮重度。

(2)地下水位以下填土的抗剪强度将有不同程度的改变。

(3)地下水对墙背产生静水压力。

工程上一般忽略水对砂土抗剪强度指标的影响,但对黏性土,随着含水率的增加,其黏聚力和内摩擦角均会明显减小,从而使主动土压力增大。因此,一般次要工程可考虑采取加强排水的措施,以避免水的不利影响,不再改变土的强度指标;而重要工程,土压力计算时还应考虑适当降低抗剪强度指标 c 和 φ 值。此外,地下水位以下土的重度取浮重度,还应计入地下水对挡墙产生的静水压力 $\gamma_w h_2$(图 5-13)。因此,作用在墙背上的总侧压力为土压力和水压力之和。

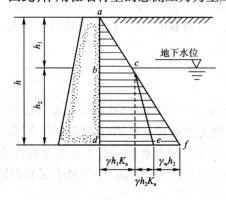

图 5-13 填土有地下水时土压力计算

例 5-3 图 5-14 所示的挡土墙,墙高 8m,墙背竖直光滑,墙后填土面作用有连续的均布荷载 $q = 40\text{kPa}$,试计算作用在墙背上的侧压力及其作用点。

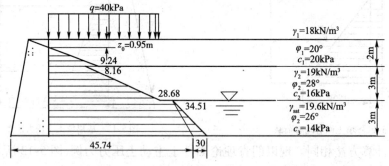

图 5-14 例 5-3 图

解 由已知符合朗肯条件,则有:

$$K_{a1} = \tan^2\left(45° - \frac{20°}{2}\right) = 0.49$$

$$K_{a2} = \tan^2\left(45° - \frac{28°}{2}\right) = 0.36$$

$$K_{a3} = \tan^2\left(45° - \frac{26°}{2}\right) = 0.39$$

如图 5-14 所示,墙顶土压力强度为:

$$\sigma_a = qK_{a1} - 2c_1\sqrt{K_{a1}} = 40 \times 0.49 - 2 \times 20\sqrt{0.49} = -8.4\text{kPa}$$

又设临界深度为 z_0,则有:

$$\sigma_{az_0} = \gamma_1 z_0 K_{a1} + qK_{a1} - 2c_1\sqrt{K_{a1}} = 0$$

即: $\quad\quad 18z_0 \times 0.49 + 40 \times 0.49 - 2 \times 20\sqrt{0.49} = 0$

所以: $\quad\quad\quad z_0 = 0.95\text{m}$

第一层底部土压力强度:

$$\begin{aligned}\sigma_a &= \gamma_1 h_1 K_{a1} + qK_{a1} - 2c_1\sqrt{K_{a1}}\\&= 18 \times 2 \times 0.49 + 40 \times 0.49 - 2 \times 20\sqrt{0.49}\\&= 9.24\text{kPa}\end{aligned}$$

第二层顶部土压力强度:

$$\begin{aligned}\sigma_a &= \gamma_1 h_1 K_{a2} + qK_{a2} - 2c_2\sqrt{K_{a2}}\\&= 18 \times 2 \times 0.36 + 40 \times 0.36 - 2 \times 16\sqrt{0.36}\\&= 8.16\text{kPa}\end{aligned}$$

第二层底部土压力强度:

$$\begin{aligned}\sigma_a &= (\gamma_1 h_1 + \gamma_2 h_2)K_{a2} + qK_{a2} - 2c_2\sqrt{K_{a2}}\\&= (18 \times 2 + 19 \times 3) \times 0.36 + 40 \times 0.36 - 2 \times 16\sqrt{0.36}\\&= 28.68\text{kPa}\end{aligned}$$

第三层顶部土压力强度:

$$\begin{aligned}\sigma_a &= (\gamma_1 h_1 + \gamma_2 h_2)K_{a3} + qK_{a3} - 2c_3\sqrt{K_{a3}}\\&= (18 \times 2 + 19 \times 3) \times 0.39 + 40 \times 0.39 - 2 \times 14\sqrt{0.39}\\&= 34.51\text{kPa}\end{aligned}$$

第三层底部土压力强度:

$$\begin{aligned}\sigma_a &= (\gamma_1 h_1 + \gamma_2 h_2 + \gamma'_3 h_3)K_{a3} + qK_{a3} - 2c_3\sqrt{K_{a3}}\\&= (18 \times 2 + 19 \times 3 + 9.6 \times 3) \times 0.39 + 40 \times 0.39 - 2 \times 14\sqrt{0.39}\\&= 45.74\text{kPa}\end{aligned}$$

第三层底部水压力强度:

$$\sigma_w = \gamma_w h_3 = 10 \times 3 = 30\text{kPa}$$

墙背各点的土压力强度绘于图 5-14 中,墙背上的主动土压力为:

$$\begin{aligned}E_a &= \frac{1}{2} \times 9.24(2 - 0.95) + 8.16 \times 3 + \frac{1}{2}(28.68 - 8.16) \times 3 + 34.51 \times 3\\&\quad + \frac{1}{2}(45.74 - 34.51) \times 3\\&= 4.85 + 24.48 + 30.78 + 103.53 + 16.85\\&= 180.49\text{kN/m}\end{aligned}$$

静水压力:

$$E_w = \frac{1}{2} \times 30 \times 3 = 45\text{kN/m}$$

则作用在墙背上的总侧压力为主动土压力和水压力之和：

$$E = E_a + E_w = 225.49\text{kN/m}$$

总侧压力 E 的作用点距墙底的距离 x 为：

$$x = \frac{1}{225.49}\Big[4.85 \times \Big(\frac{2-0.95}{3}+6\Big) + 24.48 \times \Big(\frac{3}{2}+3\Big) + 30.78 \times \Big(\frac{3}{3}+3\Big) +$$

$$103.53 \times \frac{3}{2} + (16.85+45) \times \frac{3}{3}\Big]$$

$$= 2.13\text{m}$$

第六节　挡土墙稳定性分析

一、挡土墙类型

常用的挡土墙,按其结构形式可分为重力式、悬臂式、扶臂式、锚杆及锚定板式和加筋土挡墙等。一般应根据工程需要、土质情况、材料供应、施工技术以及造价等因素合理选择。

1. 重力式挡土墙

一般由块石或混凝土材料砌筑,墙身截面较大。根据墙背倾斜方向分为俯斜、直立、仰斜和衡重式 4 种(图 5-15)。适用于墙高一般小于 6m、地层稳定、开挖土石方时不会危及相邻建筑物安全的地段,高度较大时宜用衡重式。重力式挡土墙依靠墙身自重抵抗土压力引起的倾覆弯矩,其结构简单,能就地取材,在土建工程中应用最广。

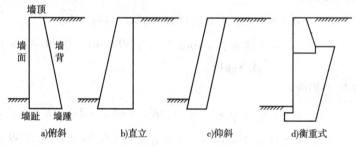

图 5-15　重力式挡土墙形式

2. 悬臂式挡土墙

一般由钢筋混凝土建造,墙的稳定主要依靠墙踵悬臂以上土重维持。墙体内设置钢筋承受拉应力,故墙身截面较小。初步设计时可按图 5-16 选取截面尺寸。它适用于墙高大于 5m、地基土质差、当地缺少石料等情况。多用于市政工程及储料仓库。

3. 扶臂式挡土墙

当墙高大于 10m 时,挡土墙立臂挠度较大。为了增强立臂的抗弯性能,常沿墙纵向每隔一定距离(0.3～0.6h)设置一道扶臂,故称为扶臂式挡土墙。扶臂间填土可增加抗滑和抗倾覆能力,一般用于重要的大型土建工程。扶臂式挡土墙设计时,可按图 5-17 初选截面尺寸,然后可将墙身及墙踵作为三边固定的板,用有限元或有限差分计算机程序进行优化计算,使设计最为经济合理。

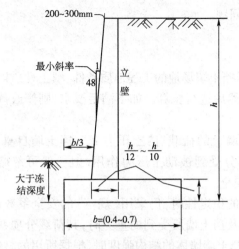

图 5-16 悬臂式挡墙初步设计尺寸

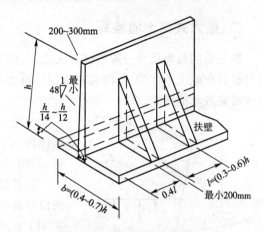

图 5-17 扶壁式挡墙初步设计尺寸

4. 锚定板及锚杆式挡土墙

锚定板挡土墙由预制的钢筋混凝土立柱、墙面、钢拉杆和埋在填土中的锚定板在现场拼装而成。这种结构依靠填土与结构的相互作用力而维持其自身的稳定。与重力式挡土墙相比,其结构轻、柔性大、工程量少、造价低、施工方便,特别适用于地基承载力不大的地区。设计时,为了维持锚定板挡土结构内力平衡,必须保证锚定板的抗拔力大于墙面上的土压力;为了保证锚定板挡土结构周边的整体稳定,必须满足土的摩擦阻力(锚定板的被动土压力)大于由于土自重和超载引起的土压力。锚杆式挡土墙是利用嵌入坚实岩层的灌浆锚杆作拉杆的一种挡土墙。图 5-18 为山西太焦铁路上的锚杆、锚定板挡土结构的实例。

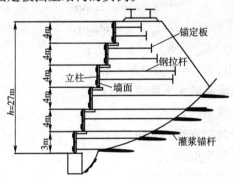

图 5-18 太焦铁路锚杆、锚定板式挡墙实例

5. 其他形式的挡土结构

除上述挡土结构外,还有如图 5-19 所示的混合式挡土墙、构架式挡土墙、板桩墙和加筋挡土墙等。

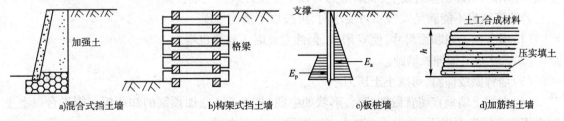

a)混合式挡土墙 b)构架式挡土墙 c)板桩墙 d)加筋挡土墙

图 5-19 其他各种形式的挡土结构

◆ 请练习[思考题 5-4]

本节着重介绍重力式挡土墙稳定性分析的有关问题。

二、重力式挡土墙验算

挡土墙的截面尺寸一般按试算法确定,即先根据挡土墙场地的工程地质条件、填土性质以及墙身材料和施工条件等,凭经验初步拟定截面尺寸,然后进行验算。如不满足要求,则修改截面尺寸或采取其他措施。

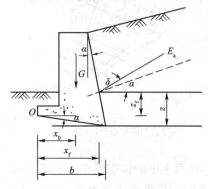

图 5-20 挡土墙抗倾覆稳定验算示意图

作用在挡土墙上的荷载有:土压力 E_a,挡土墙自重 G。墙体埋入土中部分受到被动土压力作用,但一般可忽略不计,其结果偏于安全。

验算挡土墙的稳定性时,仍采用《规范》的安全系数法,所以计算土压力及挡土墙所受到的重力时,其荷载分项系数采用 1.0。验算挡土墙墙体的结构强度时,根据所用的材料,参照有关结构设计规范进行。土压力作为外荷载,应采用设计值,即乘以 1.1 ~ 1.2 的土压力增大系数。

1. 抗倾覆稳定性验算

从挡土墙破坏的宏观调查来看,其破坏大部分是倾覆。要保证挡土墙在土压力作用下不发生绕墙趾 O 点的倾覆(图 5-20),需要求对 O 点的抗倾覆力矩大于倾覆力矩,即抗倾覆安全系数 K_t 应满足:

$$K_t = \frac{M_1}{M_2} = \frac{Gx_0 + E_{az}x_f}{E_{ax}z_f} \geqslant 1.6 \tag{5-23}$$

$$x_f = b - z\tan\alpha$$

$$z_f = z - b\tan\alpha_0$$

式中: E_{ax} —— E_a 的水平分力, $E_{ax} = E_a\cos(\alpha + \delta)$;

E_{az} —— E_a 的竖向分力, $E_{az} = E_a\sin(\alpha + \delta)$;

x_0 —— 挡土墙重心离墙趾的水平距离(m);

α_0 —— 挡土墙的基底倾角(°);

α —— 挡土墙的墙背与竖直线的夹角(°);

b —— 基底的水平投影宽度(m);

z —— 土压力作用点离墙踵的高度(m)。

在软弱地基上倾覆时,墙趾可能陷入土中,力矩中心点内移,导致抗倾覆安全系数降低,有时甚至会沿圆弧滑动而发生整体破坏,因此验算时应注意土的压缩性。验算悬臂式挡土墙时,可视土压力作用在墙踵的垂直面上,将墙踵悬臂以上土重计入挡土墙自重。

若验算结果不能满足式(5-23)要求时,可按以下措施处理:

(1)增大挡土墙断面尺寸,使 G 增大,但注意此时工程量也增大。

(2)加大 x_0,即伸长墙趾。

(3)墙背做成仰斜,可减小土压力。

(4)在挡土墙垂直墙背做卸荷台,形状如牛腿(图 5-21)或加预制的卸荷板。则平台以上土压力不能传到平台以下,总土压力减小,且抗倾覆稳定性加大。

2. 抗滑动稳定性验算

在土压力作用下,挡土墙也有可能沿基础底面发生滑动(图 5-22),因此要求基底的抗滑力

F_1 大于其滑动力 F_2，即抗滑安全系数 K_s 应满足：

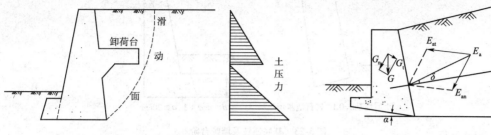

图 5-21　有卸荷台的挡土墙　　　　图 5-22　挡土墙抗滑稳定验算示意图

$$K_s = \frac{F_1}{F_2} = \frac{(G_n + E_{an})\mu}{E_{at} - G_t} \geqslant 1.3 \qquad (5-24)$$

式中：G_n——G 垂直于墙底的分力，$G_n = G\cos\alpha_0$；

$\quad\quad G_t$——G 平行于墙底的分力，$G_t = G\sin\alpha_0$；

$\quad\quad E_{an}$——E_a 垂直于墙底的分力，$E_{an} = E_a\sin(\alpha + \alpha_0 + \delta)$；

$\quad\quad E_{at}$——E_a 平行于墙底的分力，$E_{at} = E_a\cos(\alpha + \alpha_0 + \delta)$；

$\quad\quad \mu$——土对挡土墙基底的摩擦系数，宜按试验确定，也可按表 5-2 选用。

土对挡土墙基底的摩擦系数　　　　　　　　　　表 5-2

土 的 类 别		摩擦系数 μ
黏性土	可塑	0.25～0.30
	硬塑	0.30～0.35
	坚硬	0.35～0.45
粉土		0.30～0.40
中砂、粗砂、砾砂		0.40～0.50
碎石土		0.40～0.60
软质岩石		0.40～0.60
块石、表面粗糙的硬质岩石		0.65～0.75

注：1. 对易风化的软质岩石和塑性指数 I_p 大于 22 的黏性土、基底摩擦系数应通过试验确定。

　　2. 对碎石土，可根据其密实度、填充物状况、风化程度等确定。

若验算不能满足式(5-24)要求时，则应采取以下措施加以解决。

(1)修改挡土墙断面尺寸，以加大 G 值。

(2)挡土墙底面做成砂、石垫层，以提高 μ 值。

(3)挡土墙底做成逆坡(图 5-23)，以利用滑动面上部分反力来抗滑。

(4)在软土地基上，其他方法无效或不经济时，可在墙踵后加拖板，利用拖板上的土重来抗滑，拖板与挡土墙之间应用钢筋连接。

(5)加大被动土压力(抛石、加载等)。

3. 地基承载力与墙身强度验算

挡土墙在自重及土压力的垂直分力作用下，基底压力按线性分布计算，其验算方法及要求完全同天然地基浅基础验算方法，同时要求基底合力的偏心距不应大于 0.25 倍基础的宽度。挡土墙墙身材料强度应按《混凝土结构设计规范》(GB 50010—2002)和《砌体结构设计规范》(GB 50003—2001)中有关内容的要求验算。

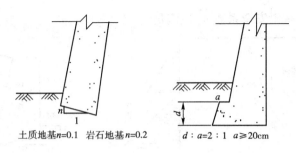

土质地基n=0.1 岩石地基n=0.2   d：a=2：1 a≥20cm

图5-23 基底逆坡及墙趾台阶

三、提高重力式挡土墙稳定的构造措施

挡土墙的构造必须满足强度和稳定性的要求,同时应考虑就地取材、经济合理、施工养护的方便。

1. 墙背的倾斜形式

墙型的合理选择,对挡土墙设计的安全和经济有较大的影响,如果按照相同的计算方法和计算指标进行计算,主动土压力以仰斜为最小,直立居中,俯斜最大。因此,就墙背所受主动土压力而言,仰斜墙背较为合理。然而墙背的倾斜形式还应根据使用要求、地形和施工等条件综合考虑确定。一般挖坡建墙宜用仰斜,其土压力小,且墙背可与边坡紧密贴合,墙背仰斜时其坡度不宜缓于1：0.25(高宽比),且坡面应尽量与墙背平行。如果在填方地区筑墙,可采用直立或俯斜形式,便于施工,易使墙后填土夯实,俯斜墙背的坡度不大于1：0.36。而在山坡上建墙,宜采用直立墙,因为俯斜墙土压力较大,而用仰斜墙时,其墙身较高,使砌筑的工程量增加。

2. 墙顶的宽度和墙趾台阶

挡土墙的顶宽如无特殊要求,对于一般块石挡土墙不宜小于0.4m;混凝土挡土墙不宜小于0.2m。当墙高较大时,基底压力常常是控制截面的重要因素。为了使基底压力不超过地基土的承载力,在墙趾处宜设台阶,如图5-23所示。

3. 基底逆坡及基底埋置深度

为了增加挡土墙的抗滑稳定性,常将基底做成逆坡(图5-23)。但是基底逆坡过大,可能使墙身连同基底下的一块三角形土体一起滑动,因此,一般土质地基的基底逆坡不宜大于1：10,岩石地基不宜大于1：5。挡土墙基底埋置深度(如基底倾斜,则基底埋深从最浅的墙趾处计算),应根据地基的承载力、冻结深度、岩石的风化程度、水流冲刷等因素确定,在土质地基中基底埋置深度不宜小于0.5m;在软质岩地基中不宜小于0.3m。

此外,重力式挡土墙每隔10~20m设置一道伸缩缝。当地基有变化时宜加设沉降缝。在拐角处应适当采取加强的构造措施。

4. 排水措施及填土质量要求

挡土墙常因排水不良而大量积水,使土的抗剪强度指标下降,土压力增大,导致挡土墙破坏。因此挡土墙应设置泄水孔,其间距宜取2~3m,外斜坡度宜为5%,孔眼尺寸不宜小于ϕ100mm。墙后要做好反滤层和必要的排水盲沟,在墙顶地面宜铺设防水层。当墙后有山坡时,还应在坡下设置截水沟。图5-24给出了两个排水处理工程的实例。

墙后填土宜选择透水性较强的填料,如砂土、砾石、碎石等,因这类土的抗剪强度较稳定,即内摩擦角受浸水的影响很小,而且它们的内摩擦角较大,能够显著减小主动土压力;当采用黏性土填料时,宜掺入适量的块石;在季节性冻土地区,墙后填土应选用非冻胀性填料(如炉渣、碎石、

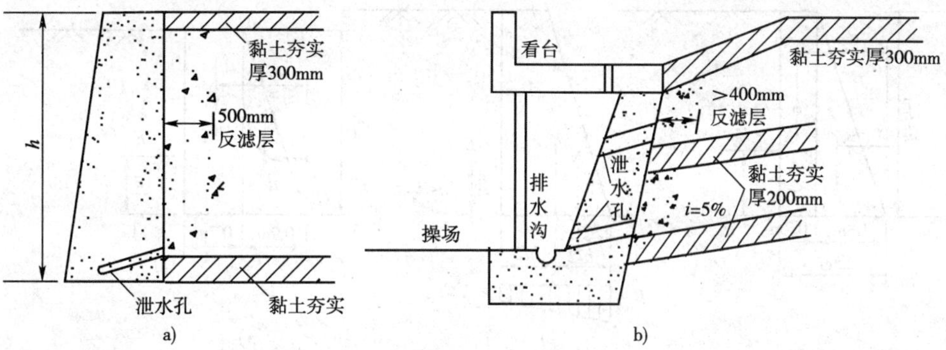

图 5-24　挡土墙排水措施举例

粗砂等）。对于重要的、高度较大的挡土墙,不宜采用黏性土填料,因黏性土的性能不稳定,干缩湿胀,这种交错变化将使挡土墙产生较大的侧压力,而在设计中无法考虑,其数值也可能较计算压力大许多倍,以导致挡土墙外移,甚至失去控制发生事故。此外,墙后填土要分层夯实,以提高填土质量。

例 5-4　挡土墙高 6m,墙背直立、光滑,墙后填土面水平,用毛石和 M5 水泥砂浆砌筑。砌体抗压强度 $f_k = 1.07\text{MPa}$,砌体重度 $\gamma_k = 22\text{kN/m}^3$,砌体的摩擦系数 $\mu_1 = 0.6$,填土的内摩擦角 $\varphi = 40°,c = 0,\gamma = 19\text{kN/m}^3$,基底摩擦系数 $\mu = 0.5$,地基承载力特征值 $f_a = 180\text{kPa}$,试设计此挡土墙。

解　(1)挡土墙截面尺寸的选择

根据规范要求,初步选择顶宽 0.7m,底宽 $b = 2.5\text{m}$。

(2)主动土压力计算

由已知符合朗肯理论条件,则有:

$$E_a = \frac{1}{2}\gamma h^2 K_a = \frac{1}{2} \times 19 \times 6^2 \times \tan^2\left(45° - \frac{40°}{2}\right) = 74.4\text{kN/m}$$

E_a 的作用点距墙底的距离 $x = \frac{1}{3} \times 6 = 2\text{m}$。

(3)挡土墙自重及重心

将挡土墙截面分成一个三角形和一个矩形,如图 5-25a)所示,分别计算它们的自重:

$$W_1 = \frac{1}{2}(2.5 - 0.7) \times 6 \times 22 = 118.8\text{kN/m}$$

$$W_2 = 0.7 \times 6 \times 22 = 92.4\text{kN/m}$$

W_1 和 W_2 的作用点离 o 点的距离分别为:

$$a_1 = \frac{2}{3} \times 1.8 = 1.2\text{m}$$

$$a_2 = 1.8 + \frac{1}{2} \times 0.7 = 2.15\text{m}$$

(4)抗倾覆稳定验算

$$K_t = \frac{W_1 a_1 + W_2 a_2}{E_a x} = \frac{118.8 \times 1.2 + 92.4 \times 2.15}{74.4 \times 2} = 2.29 > 1.6$$

满足要求。

(5)抗滑动稳定验算

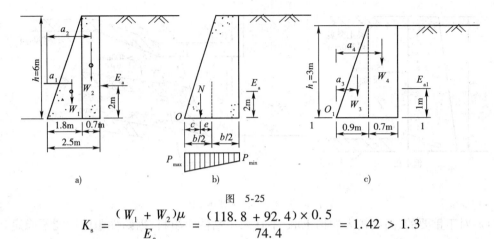

图 5-25

$$K_s = \frac{(W_1 + W_2)\mu}{E_a} = \frac{(118.8 + 92.4) \times 0.5}{74.4} = 1.42 > 1.3$$

满足要求。

（6）地基承载力验算［图 5-25b)］

作用在基底的总垂直力：

$$N = W_1 + W_2 = 118.8 + 92.4 = 211.2 \text{kN/m}$$

合力作用点离 o 点的距离：

$$c = \frac{W_1 a_1 + W_2 a_2 - E_a x}{N} = \frac{118.8 \times 1.2 + 92.4 \times 2.15 - 74.4 \times 2}{211.2} = 0.911 \text{m}$$

偏心距：

$$e = \frac{b}{2} - c = \frac{2.5}{2} - 0.911 = 0.339 < 0.25b$$

则基底边缘最大、最小压力为：

$$P_{\min}^{\max} = \frac{N}{b}\left(1 \pm \frac{6e}{b}\right) = \frac{211.2}{2.5}\left(1 \pm \frac{6 \times 0.339}{2.5}\right) = 84.48(1 \pm 0.814) = \frac{153.2}{15.7} \text{kPa}$$

$$P_{\max} < 1.2 f_a = 1.2 \times 180 = 216 \text{kPa}$$

满足要求。

（7）墙身强度验算

取离墙顶 3m 处截面 I-I［图 5-25c)］，验算该截面最大压力 $P_{\max}$ 是否小于等于砌体的抗压强度 f_k；验算主动土压力在截面 I-I 处产生的剪应力是否小于等于该截面处的摩擦阻力。

截面 I-I 以上的主动土压力：

$$E_{a1} = \frac{1}{2}\gamma h_1^2 \tan^2\left(45° - \frac{\varphi}{2}\right) = \frac{1}{2} \times 19 \times 3^2 \times \tan^2\left(45° - \frac{40°}{2}\right) = 18.6 \text{kN/m}$$

E_{a1} 作用点距 I-I 截面的距离 $x_1 = 1$m。

截面 I-I 以上挡土墙自重：

$$W_3 = \frac{1}{2} \times 0.9 \times 3 \times 22 = 29.7 \text{kN/m}$$

$$W_4 = 0.7 \times 3 \times 22 = 46.2 \text{kN/m}$$

W_3 和 W_4 作用点离 o_1 点的距离：

$$a_3 = \frac{2}{3} \times 0.9 = 0.6 \text{m}$$

$$a_4 = 0.9 + 0.35 = 1.25 \text{m}$$

截面 I-I 上的总法向压力：

$$N_1 = W_3 + W_4 = 29.7 + 46.2 = 75.9\text{kN/m}$$

N_1 作用点离 O_1 点的距离：

$$c_1 = \frac{W_3 a_3 + W_4 a_4 - E_{a1} x_1}{N_1} = \frac{29.7 \times 0.6 + 46.2 \times 1.25 - 18.6 \times 1}{75.9} = 0.75\text{m}$$

偏心距：

$$e_1 = \frac{b_1}{2} - c_1 = \frac{1.6}{2} - 0.75 = 0.05\text{m}$$

截面 I-I 上的最大最小压力为：

$$P_{\min}^{\max} = \frac{N_1}{b_1}\left(1 \pm \frac{6e_1}{b_1}\right) = \frac{75.9}{1.6}\left(1 \pm \frac{6 \times 0.05}{1.6}\right) = 47.4(1 \pm 0.19) = \frac{56.4}{38.4}\text{kPa} < f_k = 1.07\text{MPa}$$

截面 I-I 上由 $W_3 + W_4$ 产生的摩擦阻力 τ_1：

$$\tau_1 = \frac{(W_3 + W_4)\mu_1}{b_1} = \frac{(29.7 + 46.2) \times 0.6}{1.6} = 28.5\text{MPa}$$

截面 I-I 上由主动土压力 E_{a1} 产生的剪应力 τ：

$$\tau = \frac{E_{a1}}{b_1} = \frac{18.6}{1.6} = 11.63\ \text{MPa} < \tau_1$$

结构安全。

◆ **请练习[思考题 5-5]**

第七节　土坡稳定分析

土坡就是具有倾斜坡面的土体。由于地质作用自然形成的土坡，如山坡、江河的岸坡等称为天然土坡，其稳定性由工程地质、水文地质条件而定。而经过人工开挖、填筑的土工建筑物，如基坑、渠道、土坝、路堤等的边坡，通常称为人工土坡，其简单外形和各部分名称如图 5-26 所示。

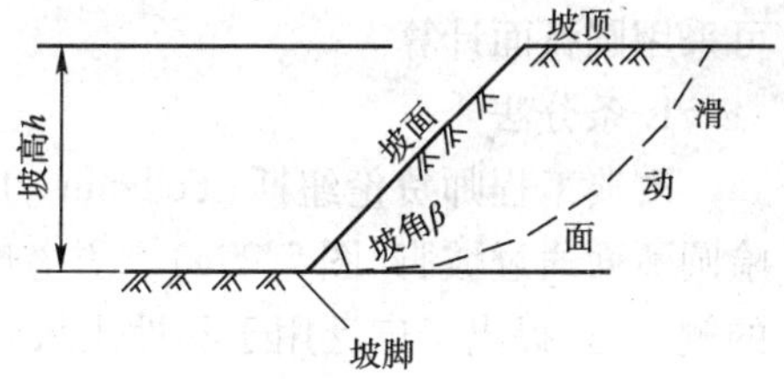

图 5-26　简单土坡各部位名称

土坡的滑动，一般是指土坡在一定范围内整体地沿某一滑动面产生向下和向外移动而丧失其稳定性，土坡的失稳常常是在外界不利因素影响下触发和加剧的，一般有以下几个原因：

(1)土坡的作用力发生变化。例如由于人工开挖坡脚、水流波浪的冲刷、坡顶堆放材料增加荷载，或由于打桩、车辆行驶、爆破、地震等引起的振动改变了原来的土坡平衡状态。

(2)土的抗剪强度降低。例如土体中含水率或超静水压力的增加；又如土的结构破坏，起初形成细微的裂缝，继而将土体分割成许多小块。

(3)静水压力的作用。例如雨水或地面水流入土坡中的竖向裂缝，对土坡产生侧向压力而促进土坡的滑动。因此，黏性土坡发生裂缝常是土坡稳定性的不利因素。

(4)土坡中渗流的作用。如果边坡中有水渗流时，对潜在的滑动面除有动水力和浮托力作用外，渗流还有可能产生潜蚀，逐渐扩大形成管涌。

土坡稳定分析属于土力学中的稳定问题,也是工程中非常重要和实际的问题。本节主要介绍简单土坡的稳定分析方法。所谓简单土坡系指土坡的坡度不变,顶面和底面都是水平的,并且土质均匀,没有地下水,如图5-26所示,对于稍复杂的土坡则由此引伸分析。

◆ 请练习[思考题5-6]

一、无黏性土土坡稳定性分析

图5-27表示一坡角为 β 的无黏性土土坡。由于无黏性土颗粒间无黏聚力存在,因此,只要位于坡面上的各土粒能保持稳定状态不致下滑,则该土坡就是稳定的。

图5-27 无黏性土坡稳定分析

设坡面上某土颗粒 M 所受的重力为 G,砂土的内摩擦角为 φ,重力 G 沿坡面的切向分力 $T = G\sin\beta$,法向分力 $N = G\cos\beta$。分力 T 使颗粒 M 向下滑动,而法向分力 N 在坡面上引起的摩擦力 $T' = N\tan\varphi = G\cos\beta\tan\varphi$ 将阻止土粒下滑。抗滑力和滑动力的比值称为稳定安全系数,用 K 表示,即:

$$K = \frac{T'}{T} = \frac{G\cos\beta\tan\varphi}{G\sin\beta} = \frac{\tan\varphi}{\tan\beta} \tag{5-25}$$

由上式可知,当 $\beta = \varphi$ 时,$K = 1$,即抗滑力等于滑动力,此时土坡处于极限平衡状态。由此可知,土坡稳定的极限坡角等于砂土的内摩擦角 φ,此坡角称为自然休止角。从式(5-25)还可看出,无黏性土坡的稳定与坡高无关,而仅与坡角 β 有关,只要 $\beta < \varphi$($K > 1$),土坡就是稳定的。为了保证土坡具有足够的安全储备,《建筑边坡工程技术规范》(GB 50330—2002)指出,按照边坡工程安全等级不同可取 $K = 1.2 \sim 1.35$。

二、黏性土土坡稳定性分析

均匀土坡失去稳定时,沿着曲面滑动(图5-28)。通常滑动曲面接近圆弧面,在理论分析时可采用圆弧面计算。

1. 条分法

瑞典工程师费伦纽斯(Fellenius,1992年)假定最危险圆弧面通过坡脚[图5-29a)],并忽略作用在土条两侧的侧向力,提出了广泛用于黏性土坡稳定性分析的条分法。该法的基本原理是:将圆弧滑动体分成若干土条;计算各土条上的力系对弧心的滑动力矩和抗滑动力矩;抗滑动力矩与滑动力矩之比称为土坡的稳定安全系数;

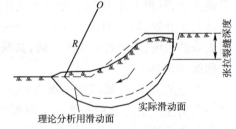

图5-28 均质土坡滑动面

选择多个滑动圆心,通过试算求出多个相应的稳定安全系数。

具体分析步骤如下:

(1)按比例绘制土坡剖面图[图5-29a)],假设圆弧滑动面通过坡脚 A 点,分析时垂直纸面取单位长度。

(2)任选一点 O 为圆心,以 OA 为半径作圆弧 AC,AC 即为圆弧滑动面。

(3)将滑动土体 ABC 竖直分成若干个等宽的(或不等宽的)土条,并对土条编号。编号时一般从圆心 O 的铅垂线开始作为 0 条,图中向右依次为 1、2、$3\cdots$,向左依次为 -1、-2、$-3\cdots$。为了计算方便,可取分条宽度为滑弧半径的 $1/10$,即 $b = 0.1R$,则此时 $\sin\beta_1 = 0.1$,$\sin\beta_2 = $

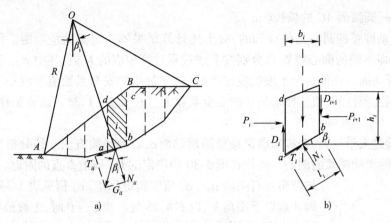

图 5-29 土坡稳定分析的条分法

$0.2, \cdots, \sin\beta_i = 0.1i, \sin\beta_{-i} = -0.1i$ 等,可减少大量三角函数计算。

(4)取第 i 条作为隔离体进行分析[图5-29b)],计算该土条自重 $G_i = \gamma h_i b_i$(b_i、h_i、γ 分别为计算土条的宽度、平均高度以及土的重度),分解 G_i 为滑动面 ab(简化为直线段)上的法向分力 N_i 和切向分力 T_i:

$$N_i = G_i\cos\beta_i$$
$$T_i = G_i\sin\beta_i$$

分析时不计土条两侧面 ad、bc 上的法向力 P_i、P_{i+1} 和剪切力 D_i、D_{i+1} 的影响,其误差为 $10\% \sim 15\%$。

(5)以圆心 O 为转动中心,滑动面 AC 上的滑动力矩等于各土条对弧心的滑动力矩之和,即:

$$M_s = \sum T_i R = R \sum G_i\sin\beta_i$$

(6)圆弧滑动面对圆心 O 的抗滑力矩,来自于法向分力 N_i 引起的摩擦阻力和黏聚力 c 产生的抗滑力两部分。第 i 土条的抗滑阻力 T'_i 其可能发挥的最大值等于土条底面上土的抗剪强度与滑弧长度 l_i 的乘积,即:

$$T'_i = \tau_{fi}l_i = (\sigma_i\tan\varphi + c)l_i = N_i\tan\varphi + cl_i = G_i\cos\beta_i\tan\varphi + cl_i$$

其抗滑力矩 M_{ri} 为:

$$M_{ri} = T'_i R = RG_i\cos\beta_i\tan\varphi + Rcl_i$$

则整个滑动面 AC 上的抗滑力矩为:

$$M_r = \sum M_{ri} = R\tan\varphi \sum G_i\cos\beta_i + Rcl_{AC}$$

(7)计算稳定安全系数:

$$K = \frac{M_r}{M_s} = \frac{\tan\varphi \sum G_i\cos\beta_i + cl_{AC}}{\sum G_i\sin\beta_i} \tag{5-26}$$

若取各土条宽度相等,上式可简化为:

$$K = \frac{\gamma b\tan\varphi \sum h_i\cos\beta_i + cl_{AC}}{\gamma b \sum h_i\sin\beta_i} \tag{5-27}$$

式中:φ ——土的内摩擦角(°);

c ——土的黏聚力(kPa);

β_i ——第 i 土条 ab 滑动面与水平面的夹角(°);

l_{AC} ——圆弧面 AC 的弧长（ m ）。

（8）由于滑动圆弧的圆心是任意选的，故上述计算结果不一定是最危险的。因此选择几个可能的滑动面（即不同的圆心位置），分别按上述过程计算相应的 K 值，其中 K_{min} 所对应的滑动面就是最危险滑动面。评价一个土坡的稳定性时，这个最小的安全系数值不应小于有关规范要求的数值。根据工程性质，规范要求最小的安全系数 K_{min} 在 1.2～1.35。试算工作量很大，可采用计算机求解。

费伦纽斯通过大量计算，曾提出确定最危险滑动面圆心的经验方法。经验指出对于均质黏性土坡，最危险的滑动圆弧的圆心一般均在图 5-30 中确定的 DE 线上 E 点的附近。E 点的位置由

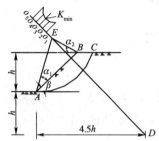

图 5-30 最危险滑弧圆心的确定

与坡角 β 有关的 α_1、α_2 角度确定（ α_1、α_2 值见表 5-3）；D 点位于坡脚 A 点以下距离 h，以右 $4.5h$ 处。当 $\varphi = 0$ 时，土坡最危险滑动面的圆心在 E 点，当 $\varphi > 0$ 时，圆心在 DE 线 E 点向上附近，可用试算法确定，即在 DE 延长线上分别取圆心 O_1、O_2、…，绘出相应的通过坡脚的滑弧（图中未绘出），计算相应的稳定安全系数 K，并在 DE 线的垂直方向绘出 K 值曲线，曲线最低点即为所求的最小安全系数 K_{min}，相应的圆心 O_m 为最危险滑动面圆心。对于非均质黏性土土坡，或坡面形状及荷载情况都比较复杂，这样确定的 K_{min} 还不甚可靠，尚需自 O_m 点作 DE 线的垂线，在其上的 O_m 附近再取圆心 O'_1、O'_2、O'_3、…，按照同样的方法进行计算比较，才能找出最危险滑动面的圆心和土坡的最小安全系数。

α_1 和 α_2 角的数值   表 5-3

土 坡 坡 度	坡角 β	α_1 角	α_2 角
1:0.58	60°	29°	40°
1:1.0	45°	28°	37°
1:1.5	33°41′	26°	35°
1:2.0	26°34′	25°	35°
1:3.0	18°26′	25°	35°
1:4.0	14°03′	25°	36°
1:5.0	11°19′	25°	37°

◆ **请练习**[**思考题 5-7**]

2. 图表法

对于简单黏性土土坡的稳定性分析，为了减少繁重的试算工作量，曾有不少人寻求简化的图表法。根据大量的计算资料整理，以坡角 β 为横坐标，稳定因数 $N = \dfrac{c}{\gamma h}$ 为纵坐标绘制的一组曲线如图 5-31 所示，就是最简单的一种，它是极限状态时均质土坡内摩擦角 φ、坡角 β 与稳定因数 N 之间的关系曲线，可用来解决如下两类问题：

（1）已知坡角 β、土的内摩擦角 φ、土的黏聚力 c 和土的重度 γ，求最大边坡高度 h。这时，可由 β、φ，查图 5-31 得 N，则：

$$h = \frac{c}{\gamma N}$$

（2）已知 c、φ、γ、h，求稳定坡角 β，这时可由 $N = \dfrac{c}{\gamma h}$ 和 φ 查图 5-31 得 β。

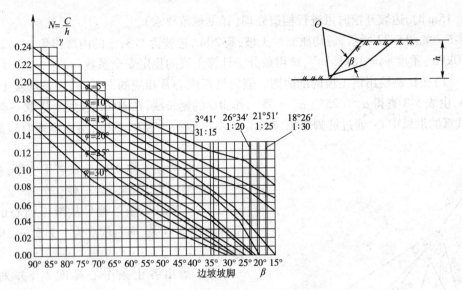

图 5-31　黏性土简单土坡计算图

三、土质边坡坡度允许值

《建筑地基基础设计规范》(GB 5007—2002)指出:在山坡整体稳定的条件下,土质边坡的开挖应符合下列规定:

(1)边坡的坡度允许值,应根据当地经验,参照同类土层的稳定坡度确定。当土质良好且均匀、无不良地质现象、地下水不丰富时,可按表 5-4 确定。

土质边坡坡度允许值　　　　　　　　　　　　　　　　　　　表 5-4

土 的 类 别	密实度或状态	坡度允许值(高宽比)	
		坡高在 5m 以内	坡高 5 ~ 10m
碎石土	密实	1:0.35 ~ 1:0.50	1:0.50 ~ 1:0.75
	中密	1:0.50 ~ 1:0.75	1:0.75 ~ 1:1.00
	稍密	1:0.75 ~ 1:1.00	1:1.00 ~ 1:1.25
黏性土	坚硬	1:0.75 ~ 1:1.00	1:1.00 ~ 1:1.25
	硬塑	1:1.00 ~ 1:1.25	1:1.25 ~ 1:1.50

注:1. 表中碎石的充填物为坚硬或硬塑状态的黏性土。

　　2. 对于砂土或充填物为砂土的碎石土,其边坡坡度允许值均按自然休止角确定。

(2)土质边坡开挖时,应采取排水措施,边坡的顶部应设置截水沟。在任何情况下不允许在坡脚及坡面上积水。

(3)边坡开挖时,应由上往下开挖,依次进行。弃土应分散处理,不得将弃土堆置在坡顶及坡面上。当必须在坡顶或坡面上设置弃土转运站时,应进行坡体稳定性验算,严格控制堆置的土方量。

(4)边坡开挖后,应立即对边坡进行防护处理。

在岩石边坡整体稳定的条件下,岩石边坡的开挖坡度允许值,应根据当地经验按工程类比的原则,参照本地区已有稳定边坡的坡度值加以确定。对于软质岩边坡高度小于 12m,硬质岩边坡高度小于 15m 时,边坡开挖时可进行构造处理(详见规范要求)。

例 5-5 如图 5-32 所示,一均质黏性土坡,高 20m,边坡为 1:3,土的内摩擦角 $\varphi = 20°$,黏聚力 $c = 10\text{kPa}$,重度 $\gamma = 18\text{kN/m}^3$,试用条分法计算土坡的稳定安全系数。

解 (1)按比例绘出该土坡的剖面图。假定滑弧圆心及相应的滑弧,因为是均质土坡,其边坡为 1:3,由表 5-3 查得 $\alpha_1 = 25°$,$\alpha_2 = 35°$,作 MO 的延长线,在 MO 延长线上任取一点 O_1 作为第一次试算的滑弧中心,通过坡脚作相应的滑弧 AC,量得半径 $R = 52\text{m}$,滑动圆弧对应的圆心角 $\theta = 104°$。

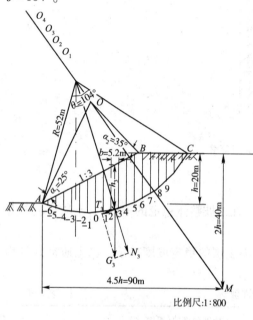

图 5-32

(2)将滑动土体 ABC 分成若干土条,并对土条进行编号,为了计算方便,土条宽度可取 $b = 0.1R = 5.2\text{m}$。土条编号从滑弧圆心的铅垂线下开始作为 0 条,向右依次为 1、2、3、…,向左依次为 -1、-2、-3…。

(3)量出各土条中心高度 h_i,并列表计算 $\sin\beta_i$、$\cos\beta_i$ 以及 $\sum h_i\sin\beta_i$、$\sum h_i\cos\beta_i$ 等值(表 5-5),应注意,当取等宽 $b = 0.1R$ 时,滑体两端土条(图 5-32 中 -6 及 9 条)的宽度往往不会恰好等于 b,为了应用式(5-27),可以将该土条的实际高度 h_i 折算成宽度为 b 时的高度 h'_i,而使折算后的土条面积 bh'_i 与实际土条面积 $b_i \times h_i$ 相等(b_i 为两端土条的实际宽度),则得 $h'_i = \dfrac{b_ih_i}{b}$。同时,对 $\sin\beta_i$ 应按实际宽度计算。现以 -6 土条为例,该土条实际高 $h_i = 3\text{m}$,实际宽 $b_i = 4.68\text{m}$,但 $b =$

5.2m,则折算后的土条高度 $h'_i = \dfrac{3 \times 4.68}{5.2} = 2.7\text{m}$,又各土条滑动面与水平面的夹角 β_i 就是各

土条滑动面中心点与圆心 O 连线同竖直线间的夹角(如图中的 β_3),则有 $\sin\beta_i = \dfrac{a_i}{R}$,$a_i$ 是第 i 土条滑动面中心点至过圆心 O 竖直线的距离,因此:

$$\sin\beta_{-6} = -\left(\frac{5.5b + 0.5b_{-6}}{R}\right) = -\left(\frac{5.5 \times 5.2 + 0.5 \times 4.68}{52}\right) = -0.595$$

取 $\sin\beta_{-6} = -0.6$,b_{-6} 为 -6 土条的实际宽度。同理可得第 9 条的 $\sin\beta_9 = 0.9$。

(4)计算滑弧长度 l_{AC}

$$l_{AC} = \frac{\pi}{180}\theta R = \frac{\pi}{180} \times 104 \times 52 = 94.3\text{m}$$

(5)计算安全系数 K,将以上计算结果代入式(5-27),得到第一次试算的安全系数为:

$$K = \frac{cl_{AC} + \gamma b\tan\varphi \sum h_i\cos\beta_i}{\gamma b \sum h_i\sin\beta_i} = \frac{10 \times 94.3 + 18 \times 5.2 \times 0.364 \times 240.18}{18 \times 5.2 \times 52.08} = 1.87$$

(6)在 MO 延长线上重新假定滑弧中心 O_2、O_3、…,重复以上计算,求出相应的安全系数,然后绘图找出最小安全系数 $K_{\min}$,此即所要求的土坡稳定安全系数(由读者自己去完成)。

表 5-5 学习记录

土条	$h_i(\text{m})$	$\sin\beta_i$	$\cos\beta_i = \sqrt{1-\sin^2\beta_i}$	$h_i\sin\beta_i$	$h_i\cos\beta_i$	备注
-6	2.7	-0.6	0.800	-1.62	2.16	
-5	6.4	-0.5	0.866	-3.20	5.55	
-4	10.0	-0.4	0.916	-4.00	9.16	
-3	14.0	-0.3	0.954	-5.20	13.36	
-2	17.4	-0.2	0.980	-3.48	17.10	
-1	20.0	-0.1	0.995	-2.00	19.00	
0	22.0	0.0	1.000	0.00	22.00	
1	23.6	0.1	0.995	2.36	23.40	
2	24.4	0.2	0.980	4.88	23.20	
3	25.0	0.3	0.954	7.50	24.90	
4	25.0	0.4	0.916	10.00	22.90	
5	24.0	0.5	0.866	12.00	20.80	
6	20.8	0.6	0.800	12.48	16.60	
7	16.0	0.7	0.715	11.20	11.45	
8	10.8	0.8	0.600	8.64	6.48	
9	2.8	0.9	0.436	2.52	1.22	
			Σ	52.08	240.18	

例 5-6 某工程须开挖基坑 $h=6\text{m}$，地基土的天然重度 $\gamma=18.2\text{kN/m}^3$，内摩擦角 $\varphi=15°$，黏聚力 $c=12\text{kPa}$，试确定能保证基坑开挖安全的稳定边坡坡度。

解 由已知条件 c、γ、h 得：

$$N = \frac{12}{18.2 \times 6} = 0.11$$

再由 $N=0.11$ 查图 5-31 中 $\varphi=15°$ 的线，可得坡角 $\beta=58°30'$，故开挖时的稳定坡度为 $1:0.61$。

本章小结

1. 土压力的类型

根据挡土墙的位移情况，土压力可分为静止土压力、主动土压力和被动土压力。

2. 朗肯土压力理论

假设挡土墙墙背竖直光滑，填土面水平，以研究墙后填土一点的应力状态为出发点，借助极限平衡方程式推导出极限应力的理论解。特点是概念明确，计算公式简便。

3. 库仑土压力理论

假设墙后填土处于极限平衡状态时形成直线滑动面，滑动土体为刚体，以研究墙后无黏性填土滑动楔块上的静力平衡为出发点，推导出作用在墙背上的主动或被动土压力的计算理论。特点是概念简明，适用于计算主动土压力。

4. 特殊情况下的土压力计算

在实际工程中，经常遇到一些特殊情况，如填土面有均布荷载、墙后填土分层、墙后填土有地下水、填土表面受局部均布荷载等，在计算土压力时需要充分考虑。

5. 挡土墙稳定性分析

（1）挡土墙的类型：重力式挡土墙、悬臂式挡土墙、扶臂式挡土墙、锚定板及锚杆式挡土墙以及其他形式的挡土结构。

（2）挡土墙的计算：

① 抗倾覆稳定验算，要求抗倾覆安全系数应满足 $K_t = \dfrac{\sum M_1}{\sum M_2} = \dfrac{Gx_0 + E_{az}x_f}{E_{ax}z_f} \geqslant 1.6$。

② 抗滑动稳定验算，要求抗滑安全系数应满足 $K_s = \dfrac{F_1}{F_2} = \dfrac{(G_n + E_{an})\mu}{E_{at} - G_t} \geqslant 1.3$。

③ 挡土墙基底压力验算，要求基底压力不超过地基承载力特征值。

④ 挡土墙墙身强度验算，应包括抗压强度验算和抗剪强度验算。

6. 土坡稳定分析

无黏性土和黏性土简单土坡的稳定分析方法。

思 考 题

5-1 何谓静止土压力、主动土压力、被动土压力？墙后填土的平衡状态有何不同？比较三者的数值大小。

5-2 影响土压力的各种因素中最重要的因素是什么？

5-3 朗肯土压力理论与库仑土压力理论的基本原理有何不同？其适用条件如何？

5-4 挡土墙有哪些类型？其稳定性验算包括哪些内容？当抗滑和抗倾覆稳定安全系数不足时，可采取哪些措施以提高安全系数？

5-5 为什么挡土墙后一定要做好排水设施？水对挡土墙的稳定性有何影响？

5-6 土坡稳定有何实际意义？影响土坡稳定的因素有哪些？

5-7 土坡稳定分析条分法的原理是什么？如何确定最危险圆弧滑动面。

习 题

5-1 某挡土墙高4m，墙背竖直光滑，墙后填土面水平，填土为干砂，$\gamma = 18\mathrm{kN/m^3}$，$\varphi = 36°$，$\varphi' = 38°$。试计算作用在挡土墙上的静止土压力 E_0、主动土压力 E_a 及被动土压力 E_p。

5-2 某挡土墙高8m，墙后填土为两层，其物理力学性质指标如图5-33所示，试用朗肯理论分别计算作用在墙背的主动土压力和被动土压力的分布、大小及其作用点。

5-3 某挡土墙高4.5 m，墙后填土为中密粗砂，$\gamma = 18.48\mathrm{kN/m^3}$，$w = 10\%$，$\varphi = 36°$，$\delta = 18°$，$\beta = 15°$，墙背与竖直线的夹角 $\alpha = -8°$，试计算该挡土墙主动土压力的大小、方向及作用点。

5-4 某挡土墙高7m，墙背竖直光滑，墙后填土面水平，并作用连续均布荷载 $q = 20\mathrm{kPa}$，填土组成、地下水位及土的性质指标如图5-34所示，试求墙背总侧压力 E 及作用点的位置，并绘侧压力分布图。

5-5 某重力式挡土墙高5m，墙背铅直光滑，填土面水平，如图5-35所示，砌体重度 $\gamma_k = 22$ $\mathrm{kN/m^3}$，基底摩擦系数 $\mu = 0.5$，作用在墙背上的主动土压力 $E_a = 51.6\mathrm{kN/m}$，试计算该挡土墙的抗滑和抗倾覆稳定性。

5-6 一均质土坡，坡高5m，坡度为1:2，土的重度 $\gamma = 18\mathrm{kN/m^3}$，黏聚力 $c = 10\mathrm{kPa}$，内摩

擦角 $\varphi = 15°$,试用条分法计算土坡的稳定安全系数。

5-7　某地基土的天然重度 $\gamma = 18.6\text{kN/m}^3$,内摩擦角 $\varphi = 15°$,黏聚力 $c = 8\text{kPa}$,当采用坡度 1:1 开挖基坑时,试用图 5-31 确定最大开挖深度为多少。

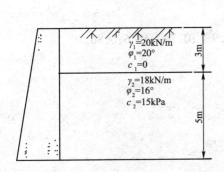

图 5-33　习题 5-2 图

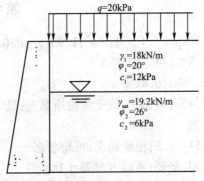

图 5-34　习题 5-4 图

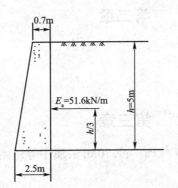

图 5-35　习题 5-5 图

部分习题参考答案

第一章

1-1 $1.90kg/m^3$;$1.53kg/m^3$;$1.96kg/m^3$;$0.96kg/m^3$;23.9%;0.740;42.6;0.86

1-2 25.8%;44.1;0.885

1-3 16.3%;$16.8kN/m^3$

1-4 39.4%;14;0.9;该土为粉质黏土;处于软塑状态

1-5 中密

1-6 0.34;14.2;粉质黏土;可塑状态

1-7 流塑;坚硬;所以 B 地基土比较好

1-8 0.761;0.357

第二章

2-4 888.9kPa

2-5 0.67;200kPa

2-6 32.64kPa;16.32kPa

第三章

3-1 0.596;0.540;0.520;$0.2 \times 10^{-3} kPa^{-1}$;7.70MPa;属中等压缩性土

3-2 6.36cm

3-3 1.599;1.525;$0.74MPa^{-1}$;3.51MPa;高压缩性土

3-4 38.98cm;10.84cm;0.7427 年;12.03 年

第四章

4-1 18kPa;26.2°;不会破坏;已破坏

4-2 821.5kPa

4-3 没有达到极限平衡状态

4-4 18.13;17.35°

4-5 145.3kPa;163.8kPa;131.8kPa;375.2kPa

第五章

5-1 55.34kN/m;37.44kN/m;544.7kN/m

5-2 330kN/m

5-3 161.5kPa/m;824.23kPa/m

5-4 38.077kN/m

5-5 145.39kPa/m;60°

5-6 $\beta = 46°$

5-7 1.14;1.27;1.36

参 考 文 献

[1] 中华人民共和国国家标准 GB 50007—2011 建筑地基基础设计规范[S].北京:中国建筑工业出版社,2012.

[2] 中华人民共和国国家标准 GB/T 50123—1999 土工试验方法标准[S].北京:中国计划出版社,1999.

[3] 张力霆.土力学与地基基础[M].北京:高等教育出版社,2002.

[4] 张力霆.土力学与地基基础[M].2 版.北京:高等教育出版社,2007.

[5] 冯国栋.土力学[M].北京:水利电力出版社,1988.

[6] 杨进良.土力学[M].2 版.北京:中国水利水电出版社,2000.

[7] 杨进良.土力学[M].3 版.北京:中国水利水电出版社,2006.

[8] 钱家欢,殷宗泽.土工原理与计算[M].2 版.北京:中国水利水电出版社,1996.

[9] 陈仲颐,周景星,王洪瑾.土力学[M].北京:清华大学出版社,1994.

[10] 华南理工大学,等.地基及基础[M].北京:中国建筑工业出版社,1991.

[11] 林宗元.岩土工程治理手册[M].沈阳:辽宁科学技术出版社,1993.

[12] 叶书麟,韩杰,叶观宝.地基处理与托换技术[M].北京:中国建筑工业出版社,1997.

[13] 黄生根,张希浩,曹辉.地基处理与基坑支护工程[M].北京:中国地质大学出版社,1999.

[14] 陈希哲.土力学与地基基础[M].4 版.北京:清华大学出版社,2004.

[15] 《地基处理手册》编写委员会.地基处理手册[M].2 版.北京:中国建筑工业出版社,2000.

[16] 叶书麟,叶观宝.地基处理[M].2 版.北京:中国建筑工业出版社,2004.

[17] 高大钊.土力学与基础工程[M].北京:中国建筑出版社,1998.

[18] 龚晓南.土力学[M].北京:中国建筑工业出版社,2002.